大自然的语言

竺可桢 ◎ 著

长江文艺出版社

图书在版编目（CIP）数据

大自然的语言 / 竺可桢著. -- 武汉 : 长江文艺出
版社，2024. 6
　　（初中语文同步阅读）
　　ISBN 978-7-5702-3619-0

　　Ⅰ. ①大… Ⅱ. ①竺… Ⅲ. ①物候学－青少年读物
Ⅳ. ①Q142.2-49

中国国家版本馆 CIP 数据核字 (2024) 第 104289 号

大自然的语言
DAZIRAN DE YUYAN

责任编辑：黄柳依　　　　　　　　责任校对：毛季慧
封面设计：陈希璇　　　　　　　　责任印制：邱　莉　胡丽平

出版：长江出版传媒　　长江文艺出版社
地址：武汉市雄楚大街 268 号　　　邮编：430070
发行：长江文艺出版社
http://www.cjlap.com
印刷：武汉科源印刷设计有限公司

开本：640 毫米×970 毫米　　1/16　　印张：10.5
版次：2024 年 6 月第 1 版　　2024 年 6 月第 1 次印刷
字数：89 千字

定价：26.00 元

目 录

一门丰产的科学——物候学

一、大自然的语言

　　每年春节过后，大地就渐渐从沉睡中苏醒过来：冰雪融化，草木萌芽，各种花木次第开花。再过两月，燕子翩然归来，大自然呈现一片欣欣向荣的景象。不久，布谷鸟也来了，于是渐次转入炎热的夏季；植物忙着孕育果实。等到秋天来到的时候，果实成熟；植物的叶子慢慢变黄，经不住阵阵秋风的吹袭，就簌簌地落了下来。这时北雁南飞，其他各种候鸟也相继离去，大地又呈现一片万木落叶、衰草连天的萧瑟景象。过此，活跃在田间草际的各种昆虫也都销声匿迹。大地又沉沉睡去，准备迎接风雪载途的寒冬。岁岁如是，周而复始……

　　这些自然现象不知陶醉了多少诗人，因而一草一木、一鸟一虫也都成了他们讴歌大自然的素材，成了他们抒发感情的凭借。不过农民们对这些自然现象的感受和诗人们又不同。几千年来，他们注意了草木荣枯、候鸟去来等自然现象与气候之间的联系，并据以安排自己的农事活动。在农民看来，鸟语花香、秋山红叶都是大自然的语言。杏花开了，就好像大自然在传语他们赶快耕地；桃花开了，又好像在暗示他们赶快种谷子。春末夏初，布谷鸟开始唱歌，可是我们的农民却懂得她在唱什么：她在声声地啼叫着"阿公阿婆，割麦插禾"。

这一类的自然现象，我国古代的劳动人民称之为物候。物主要是指生物（动物和植物），候就是我国古代人民所称的气和候。在两千多年以前，我国古代人民就把一年四季寒暑的变换分为所谓二十四节气，把在寒暑的影响下所出现的自然现象分为七十二候。物候知识的起源，在世界上以我国为最早。从古代流传下来的许多关于物候方面的农谚，就是劳动人民实践经验的总结。

利用物候知识来指导农业生产的研究，在世界各国已经发展成为一门科学，叫物候学。物候学和气候学相似，都是观测一年里各个地方、各个区域的春夏秋冬四季推移，它们都是地方性的科学。所不同的是，气候学是观测记录某地的冷暖晴雨，风云变化，例如某天刮风，某时下雨，早晨多冷，下午多热等等，据以推求其原因

2

和趋向。物候学则是记录植物的生长荣枯，动物的往来、养育，例如杨柳绿、桃花开、燕子始来等自然现象，从而了解气候变化及其对动植物的影响。气候观测是记录当时当地的天气；而物候观测的记录，不仅反映了当天的天气，也反映了过去一个时期内天气的积累。所以物候学有时也叫生物气候学。

物候观测所使用的是"活的仪器"，是活生生的生物；它的构造比一般气象仪器复杂得多，灵敏得多。因此，物候观测的数据是综合气候条件（气温、湿度等等）的反映，同时也反映了气候条件对生物的影响。把它用于农事活动，就比较简便，易为农民所接受。物候对农业的重要性就在于此。下面是一个例子。

1962年五一节前后在华北是比较冷的，但五一节当天早上的温度记录却比1961年、1960年同天早晨的温度记录高两三摄氏度。北京的物候记录却反映出了这一事实。去年的山桃、杏花、苹果、榆叶梅、西府海棠、丁香和五一节左右开花的洋槐的花期，总的说来，比1961年迟开10天左右，比1960年迟开五六天。根据这些物候观测资料，可以判断北京地区农业季节来得较晚。1962年，北京地区的农村人民公社在春初种植的花生等作物，仍然是按照往年的日期播种的，结果受到了低温的损害。假如能注意到去年物候延迟，选择适宜的播种日期，这种损失就可能得到避免。

二、四个因素

物候现象的来临决定于哪些因素呢？这首先就是纬度（南北的差异），就是说在不同的纬度上，物候来临的迟早是不同的。例如，越往北桃花开得就越迟，候鸟来得也越晚。值得指出的是物候现象不仅有南北的差异，而且因季节、月份的不同而异。

例如我国地处世界最大大陆——亚洲的东部，大陆性气候极显著；冬冷夏热，气候变化极为剧烈。在冬季南北温度相差悬殊；但到夏季又相差无几。从广东南海沿海直到北纬 26 度的福州、赣州一带，南北相差五个纬度，春初物候如桃始花相差 50 天之多，即每一纬度竟相差达 10 天。在这地区以北，情形比较复杂。如长江黄河下游平原地区，北京和南京相差六个纬度强；在阳历三、四月间桃李盛花期，前后竟相差 19 天。但到四、五月间柳絮飞、洋槐开花时，南京和北京物候相差只有 9 天而已。长江黄河大平原上的物候差异尚且不能简单地按经纬度计算出来，至于丘陵、山岳地带物候的差异自必更为复杂。

东西的差异，也就是说经度的不同，是影响物候现象的第二个因素。东西的差异，在欧洲主要决定于气候的大陆性强弱不同。凡是大陆性强的地方，冬季严寒而夏季酷暑（我国温带地带就是如此）。反之，大陆性弱（即海洋性气候地区），则冬季既不太冷，夏季也不太热。在欧洲如德国，从西到东，离海渐远，气候的海洋性逐渐减弱，大陆性逐渐增强，所以德国同一纬度的地带，春初东面比西面冷，而到夏季就形成东面比西面热。

我国全国具有大陆性气候，加以天山、昆仑山、秦岭自西向东横亘于中部，因此地形气候与北美、西欧大不相同。天山、昆仑山高耸于西部，在东部则秦岭山脉由西向东渐次降低。到东经 116 度以东，除了个别山岭如大别山、黄山之外，都是起伏不平的丘陵区。所以冬春从西伯利亚南下的寒潮，可以挟其余威长驱直入，侵扰长江以南的地区。这对物候有很大影响。除了寒潮，风暴影响物候也是常有的事。

我国西南、西北的同一区域的地形高下可以相差很大，物候随地形转移，经度的影响就变为次要的了。

一般说来，在同纬度上，经度和高度对我国的农业生产可能起很大作用。例如在北纬 30 度左右，稻麦两熟区在岷江流域只能种到两千米的高度；向西至大渡河流域可种到两千两百米的高度；更向西至金沙江流域则可种至两千五百米的高度。

影响物候的第三个因素是高下的差异。植物的抽青、开花等物候现象在春夏两季越往高处越迟；但到了秋季，如乔木的落叶等现象则越往高处越早。不过在研究这一因素时，也应该考虑到会有例外的情况。例如秋冬之交，在天气晴朗的空中，常会出现一种特殊的现象：在一定高度上，气温不但不比低处低，反而更高。这叫逆温层。这一现象在山地秋冬两季，尤其是这两季的早晨，极为显著。我国华北和西北一带，不但秋季逆温层极为普遍，而且远比欧洲的高而厚，常可高达 1000 米。在华南丘陵区把热带作物引种在山腰很成功，在山脚反而不合适，就是这个道理。

第四个因素是古今的差异。就是说古代和现代，物候的迟早是不同的。利用历史上的物候记录能否证明这一点呢？西洋最长久的实测物候记录是英国马绍姆家族祖孙五世在 190 年的时间里对诺尔福克地方的物候记录。这长年记录已在英国皇家气象学会学报上得到详细分析，并与该会各地所记录的物候作了比较。著者马加莱从七种乔木春初抽青的物候记录得出如下结论：物候是周期性波动的，其平均周期为 12.2 年；物候的迟早与太阳黑子周期有关……近 12 年来，北京春季的物候也似乎有周期性的起伏。物候最迟是在 1956—1957 年，而 1957 年正为太阳中黑子最多年。根据英国马绍姆家族所记录的长期物候，我们可以把十八世纪和二十世纪物候的迟早作一比较。如以1741—1750年十年平均和1921—1930年十年平均的春初七种乔木抽青与始花的日期相比较，则后者比前者早九天。换言之，二十世纪的三十年代比十八世纪中叶，英国南部的春天要提前九天。

三、在各国的发展

西洋的物候知识起源也很早，两千多年以前，雅典人就已经试制包括一年中物候推移的农历。到了罗马恺撒时代，还颁发了物候历以供应用。欧洲有组织地观测和研究物候，实际上始于十八世纪中叶。当时瑞典植物分类学家林内就曾对瑞典境内的植物进行了系统的观测。到了十九世纪中叶以后，由于资本主义国家工业的发展和人口的增加，迫切需要增加农业生产，这才开始注意物候学的研究。日本、英国、德国的科学工作者都先后组织了物候学的观测和研究。十月革命以后，物候学在苏联得到很大发展，获得一定的成果，对农业增产起了很大作用。

美国是从十九世纪后半期开始注意到物候观测的。到了二十世纪初叶，森林昆虫学家霍普金斯花了多年的工夫专门研究物候，尤其是物候与美国各州冬小麦的播种、收获与发育季节的关系。霍普金斯认为，植物的阶段发育是受当地气候的影响，而气候又制约于该地区所在的纬度、海陆关系与地形等因素；换句话说，就是制约于纬度、经度和高度这三个因素。他从大量的植物物候材料中总结出如下的结论：假如其他因素不变动，在北美洲温带内，每向北移动纬度一度，或是向东移动经度五度，或是上升400英尺，植物的阶段发育在春天和初夏将各延期4天；在秋季则相反，各提早4天。这就是所谓霍普金斯物候定律。这个所谓物候定律并没有考虑到物候的古今差异。

霍普金斯把美国境内同一日子有同一物候（如桃始花、燕子来等等）的地点连成一条线（即等候线），绘成等候线图。根据等候线图预告各地农作物播种、收获的时期。

不过从上文的介绍可以看出，霍普金斯的物候定律，只是根据美国的物候条件总结出来的，因此它并不适用于世界其他地区。因为物候不但因地而异，而且因时而异，并不像这个物候定律所说的那么简单。

我国向来以农立国，在汉代就有七十二候。但作物的生长因地而异，各年也有不同，所以古代的月令不能解决问题。后来，在1700年以前，贾思勰在《齐民要术》中所说的农业耕种时期的物候，与现代的已有不同，可是到如今没有进一步加以改进。

所以物候学在我国虽起源很早，到如今还是个空白点。因此，普遍展开物候观测；因地制宜，因时制宜地制定各地的物候历（或自然历）是当务之急。编物候历应该选择能明显反映当地季节现象的、与农业生产关系密切的物候种类进行观测，然后把各种物候多年平均的日期和日期变化的幅度列成一表。这种表就是物候历，可以根据它来预报农时。

四、作用很大

物候学的研究是否只是为了选择播种日期和预报农时呢？不，它的意义是多方面的。

农作物的区划是推广栽培作物、合理配置作物的先决条件。例如稻麦两熟区的推广界限问题，需要有周密的区划，才可以事半功倍，获得增产。物候观测资料对解决这问题是很有参考价值的。

还可以利用物候资料来进行引种驯化。如果了解了某种植物原产地的物候条件，就可以据此把该植物引种到条件相同的其他地区。美国人曾从我国移植不少品种的经济作物，其中比较著名的有移植到加利福尼亚的橘柑、移植到佛罗里达的油桐和移植到中部西部各州的大豆等。这几种经济作物经过一二十年的培养，美国不但能自给，而且在国际市场上争取到了一定的地位。在移植之前，美国曾派人事先从我国当时的农业试验站、农业学校搜集移植品种的物候条件的情报和各地的气象情报。

物候学的资料也可以帮助人们对害虫进行斗争。害虫的产生是有一定时期的。假如利用物候图使农作物的播种期提早或延迟若干天，往往能减轻或避免害虫的侵害，增加作物的产量。例如二十世纪初，美国小麦害虫海兴蝇极为猖獗，美国农业部利用物候图使各地小麦播种期延迟了若干天，避免了这种害虫，增加了小麦的产量。

我国山区面积大于平原，有很大面积的山区土地可资利用。开发山区是我国发展农业很有希望的途径。但是山区的气候、土壤对于农业经营的适应性，有很多地方还没有进行调查。在山区建立气象站不太容易，但进行物候观测就比较简单易行。今后若开展山区物候观测，那么如何合理利用山区垂直分布带的问题就能得到科学的解决。可以想见，这一措施将具有多么大的生产价值和国民经济意义！

既然利用物候资料能预报农时，当然也能利用它来确定造林、移植树苗、采集树木种子的最适宜的日期。

物候学的研究对绿化城市、乡村和营造防护林以哪些树种为佳也有帮助。

此外，物候观测资料对于养蜂、放牧、捕鱼、狩猎，以及对其他一切与生物界有关的各种经济建设都有实际用途。利用物候资料还可以判断地方性气候的特点。

物候学是介于生物学和气象学之间的边缘科学。在生物学它是接近生态学，而在气象学方面则接近于农业气象学。但生态学（不论是植物生态学还是动物生态学）和农业气象学又恰恰是我国生物学与气象学中的极薄弱的环节。因此，在党的以农业为基础的方针指导下，应进一步加强和推进物候观测，为农业争取更大的丰收。

沙漠里的奇怪现象

古代亲身到过沙漠的人，如晋僧法显、唐僧玄奘，统把沙漠说得十分可怕，人们对它也就产生了深刻的印象。晋僧法显著《佛国记》说："沙漠有很多恶鬼和火热的风，人一遇见就要死亡。沙漠是这样荒凉，空中看不见一只飞鸟，地上看不到一只走兽。举目远看尽是沙，弄得人认不出路，只是循着从前死人死马的骨头向前走。"玄奘《大唐西域记》卷十二也说："东行入大流沙，沙被风吹永远流动着，过去人马走踏的脚印，不久就为沙所盖，所以人多迷路。"

沙漠真像法显和玄奘所说的那样可怕么？中华人民共和国成立以来，我们的地质部、石油部、中国科学院的工作人员已经好几次横穿新疆塔克拉玛干大戈壁，并没有什么鬼怪离奇的东西阻挡了他们的行进，这是什么缘故呢？

试想法显出发时只有七个和尚结队同行，而走了不久，就有人不胜其苦开了小差，有人病死途中，最后只留下他一人。唐玄奘也是单枪匹马深入大戈壁，所谓孙行者、猪八戒、沙和尚等随从人员，那是《西游记》小说中的神话。那时既无大队骆驼带大量清水食品跟上来，更谈不上汽车和飞机来支援，当然就十分困苦了。

　　沙漠里真有魔鬼吗？在那时人们的知识水平看起来，确像是有魔鬼在作怪。但是人们掌握了自然规律以后，便可把这种光怪陆离的现象说清楚。光怪陆离的现象在大戈壁夏天日中是常见的事。当人们旅行得渴不可耐的时候，忽然看见一个很大的湖，里面蓄着碧蓝的清水。看来并不很远，但当人们欢天喜地地向湖面奔去的时候，这蔚蓝的湖却总有那么一个距离，所谓"可望不可即"。阿拉伯人是对沙漠广有经验的民族，阿拉伯语中称这一现象为"魔鬼的海"。这一魔鬼的法宝到了十九世纪的初叶，才被法国数学家和水利工程师孟奇戳穿。孟奇随拿破仑所领军队到埃及去和英国争夺殖民地，当时法国士兵在沙漠中见到这"魔鬼的海"极为惊奇，就去问孟奇。孟奇深深思考以后，便指出这是因为沙漠中地面被太阳晒得酷热，贴近地面一层空气温度就比上面一两米的温度高许多。这样由于光线折光和反射的影响，人们产生了一个错觉，空中的乔木看来好像倒栽在地上，蔚蓝的天空，倒映在地上，便看成是汪洋万顷的湖面了。若是近地面的空气温度下面低而上层高，短距离内相差七八度，像平直的海边地区有时所遇见的那样，那便可把地平线下寻常所见不到的岛屿、人物统统倒映到天空中，成为空中楼阁，又叫作海市蜃楼。中国向来形容这类现象为"光怪陆离"四个字是确有道理的。

在沙漠里边不但光线会作怪，声音也会作怪。唐玄奘相信这是魔鬼在迷人，直到如今，住在沙漠中的人们，却也还有相信的。群众把会发出声音的沙地称为"鸣沙"。在现宁夏自治区中卫县靠黄河有一个地方名叫鸣沙山，即在今日沙坡头地方，科学院和铁道部等机关在此设有一个治沙站。治沙站的后面便是腾格里沙漠。沙漠在此处已紧逼黄河河岸，沙高约一百米，沙坡面南坐北，中呈凹形，有很多泉水涌出，此沙向来是人们崇拜的对象。据说，每逢夏历端阳节，男男女女便在山上聚会，然后纷纷顺着山坡翻滚下来。这时候沙子便发生轰隆的巨响，像打雷一样。两年前我和五六个同志曾经走到这鸣沙山顶上慢慢滚下来，果然听到隆隆之声，好像远处汽车在行走似的。据苏联专家彼得洛夫的意见，只要沙漠面部的沙子是细沙而且干燥，含有大部分石英，被太阳晒得火热后，经风的吹拂或人马的走动，沙粒移动摩擦起来便会发出声音，这便是鸣沙。古人说"见怪不怪，其怪自坏"，沙漠里的一切"怪异"现象，其实都是可以用科学的道理来说明的。

阳历与阴历

"阳历与阴历"这题目实在可说已是老生常谈。我今天所以要提出这个题目来讲的原因，是因为一般人仍有许多错误的观念。第一，有的人以为阳历来自外国，这是不对的。我们从甲骨文上可以看出中国三千年前，有十三月的名称已经是阴阳历并用。《书经·尧典》"期三百有六旬有六日，以闰月定四时成岁"，所谓三百有六旬有六日，就是阳历年，以闰月定四时成岁，乃是阴阳历并用。西洋在希腊、罗马时代，也夹用阴阳两历，和中国原是一样。第二，有的人认为西洋古代历法较我国历法精密，这也不对。要晓得我们中国古代历法是相当进步的。《孟子·离娄》章说道："天之高也，星辰之远也，苟求其故，千岁之日至，可坐而致也。"这就表示战国时代测定阳历年长短，已极有把握了。自汉武帝阳朔元年开始办太学，到前汉末年，太学生增加到三千人，他们学习科目，虽是注重读经，但是天算自古为六艺之一，太学里亦列科目。东汉的著名天算大家张衡和王充，同是太学学生。到唐朝，太学改称国子监，律算列为太学四门功课之一。所以中国古代历法之有相当进步，不是偶然的。

说明以上这两点，我们再说阳历和阴历的不同，所谓阴历是完全依据月亮的行动，阳历则完全依据太阳的周期。中国古历所谓农历，并非全用阳历，也并非全用阴历，是阴阳历并用的。

阳历和阴历为什么不能调和起来呢？根本是两个周期不能相合。月亮绕地球一周所需时间为二九点五三〇五九天，就是二九天十二小时四十四分三秒，地球绕太阳一周，所需时间为三六五点二四二二一六天，即三百六十五天五小时四八分四六秒，两个周期的小数都很零碎，不能相互除尽，所以要把它合起来是非常困难的。中国古代农历把阴阳二历调和得相当成功。阴历月大三十天，月小二十九天。一年十二个月，只三百五十四天，要比阳历年少十一天有余，每隔三年若插入一个闰月，却尚多了几天。但若十九个阴历年加了七个闰月，和十九个阳历年几乎相等，所差不过两小时九分三十六秒。我国在春秋时代已知道十九年七闰的方法，要比希腊人梅冬发明这周期时间早上一百六七十年。

二十四节气也是中国历的特点。节气是完全跟太阳走的，可称阳历的一部分。地球绕日因为昼夜长短，太阳高低的不同，所以一年才会有春夏秋冬四季。日子最长的那一天称为夏至，日子最短的那一天称为冬至。夹在中间，昼夜平分各十二小时的两天称春分、秋分。二至二分在春秋时，就已经知道了。其余二十个节气，到汉初才完备。西洋只有春分、夏至、秋分、冬至四个节气，并不像我们中国有立春、雨水、惊蛰等等。我国的二十四节气中，十二个为气，十二个为节。节应在月初，气应在月中，所以气又名中气。譬如立春为阴历正月之节，雨水乃正月之气。惊蛰为二月之节，春分为二月之气等等。二十四节气一个循环，即是从立春到立春，或是冬至到冬至，有三百六十五天又四分之一，一节一气平均三十天有余。而阴历一个月只有二十九天。过了若干时必会有月份单有节而无气，或有气而无节。这有节无气的月份就叫作闰月。以上所讲是中国农历对于阴阳历的安排。中国农历的好处，是阴阳两历的周期统顾到了。维持了一个月中晦朔弦望，和一年中的春夏秋冬。它的缺点是年度长短不同。平年只三百五十四天，闰年多一个月就有三百八十四天，此于计算极不方便。

其次，我们要讲西洋的历法。西洋的历法，自从罗马传统下来的。在恺撒做皇帝以前的时代，即是前汉元

18

帝以前的时期，罗马也是阴阳二历并用。一年三百五十四天，每隔两三年插入一个闰月。可是到恺撒的时候，罗马历法非常纷乱。恺撒从了天文学家索雪琴的话，大事更张，厘定一年平均为三百六十五天又四分之一日。年十二个月，大小月相间。月大三十一天，月小三十天，唯二月只二十九天。每隔四年一闰，闰年二月份多一天为三十天。这历于西历纪元前四十五年开始应用，名为"恺撒历"。原先罗马历以现在的阳历三月为岁首，以现在之十二月为十月，十一月为九月，十月为八月，九月为七月，所以到如今西文的名称这四个月还是名实相矛盾的。现在的七月原名五月，恺撒把它换了自己名字称为 July。恺撒死后，奥古斯都继位，又把现在八月原名六月的名称改为奥古斯都。而且原来八月本只三十天，把二月减少一天，把八月增加到三十一天，到如今阳历月份大小参差，名实不符，完全由于历史上的原因。

这恺撒历在西洋通行到十六世纪，又发生了破绽。因为恺撒历每年三六五又四分之一天，与实际地球绕太阳一周三六五点二四二二一六天，每年要差十一分，即每四百年要差三天。积至十六世纪时，已差十余天。那时罗马教皇格雷戈里十三世，听从天文家克劳维的建议，于西历一千五百八十二年，修改恺撒历，每四年一闰。但每世纪之终，须以四百除尽者，始为闰年。如此则四百年中，可以减少三个闰年，正可以抵恺撒历的差误。这"格雷戈里历"，即目前世界各国通行的阳历。

格雷戈里历要比恺撒历精密，平均每年三六五点二四二五天，比实际地球绕太阳一周的周期，只多二十六秒，积到四千年才差一天。但恺撒历的周期三六五点二五天，和格雷戈里历周期三六五点二四二五天，在中国历法史上应用，统比西洋来得早。恺撒历之周期，即中国古代所谓"四分历"，系东汉和帝时蔡邕所创；在四分历以前，汉武帝时期"太初历"亦用此周期。太初历系汉武帝时邓平所创造，为公元 668 前 104 年，比恺撒历之应用约早六十年。两汉以后六朝的祖冲之，唐的一行，元的郭守敬于历法均有贡献。郭守敬"授时历"所依据之阳历年为三六五点二四二五天，与格雷戈里历周期相同，时为公元一二八四年，比欧洲人用格雷戈里历几乎早三百年。

最后我们要讲到现行阳历，即格雷戈里历的缺点和改良的方案。现行阳历的缺点，第一，是年月与星期不能配合，一年有五十二个星期多一天，闰年就多两天。这样很不方便，譬如去年的元旦是星期三，今年的元旦改成星期四，明年的元旦，又变为星期六。第二，是十二个月长短的不整齐，譬如一月有三十一天，二月只有二十八天。七月以前大小月相间，七八两月又连大两月。

这样无规则很应该加以整理。第三，是月份和四季的不能配合。阳历元旦之所以成为岁首，是由于西历纪元前四十五年，恺撒改历时，冬至后第一个朔日，正落在那一天，便成了正月初一。这完全是偶然的事，毫无科学的根据。到如今气象学家把北半球温带上各地的三、四、五月作为春天，六、七、八月作为夏天，九、十、十一月作为秋天，十二月和翌年一、二月作为冬天。如此四季分成两节，要搭到两个年头很不方便。

改良的方案不外三种。第一种主张改为一年十三个月，一个月四星期，这样星期就能和年月配合了。每月的一日、八日、十五日、二十二日一定是星期日，十三个月共计三百六十四天。平年尚多一日，闰年多两日。如此星期和月份配合得当了。但是"十三"的数不能用二或四来除尽，在温带里四季就不易分。而且有一两天的余数，是很不方便的。此法西洋教会反对最烈，因为多余一天算不到星期里去，把西洋有史以来星期日的连续性中断了。第二种办法是西历一八八七年亚美林提议的一种改良历，把一年分为春夏秋冬四季，每季三个月，前两月为小月，三十天。后一月为大月，三十一天。每季九十一天十三个星期，一年中三、六、九、十二月大，其余月小。年终平年仍多一天，闰年多两天，平年所多一天，称和平日，闰年所多一天称闰日，闰日放在除夕之后，和平日放在六七月之交。这办法已经有许多天文学家同意，而且提出过几次的国际会议，但是行起来还是有困难，它的困难仍在多余的和平日和闰日编不进星期里去。第三种改良历，个人认为最科学，是我国北宋沈括所提倡，而为最近英人萧纳伯所主张。萧氏主张把元旦放在十一月六日，即是中国立冬节，因为那个时候为北温带叶落秋高收获已毕农民闲暇时期。从十一月六日起，一年分为四季，（1）冬（十一月六日至二月四日）。(2) 春（二月五日至五月六日）。(3) 夏（五月七日至八月五日）。(4) 秋（八月六日至十一月四日）。每季皆九十一天，十三个礼拜。如此则春以春分为中心，夏以夏至为中心，秋以秋分为中心，冬以冬至为中心。平年多余一日，闰年多余两日，放在元旦之前，为休息日。此主张可说和九百多年前沈括《梦溪笔谈》里的主张不约而同。沈括在《梦溪补笔谈》卷二里说道："用十二气为一年，更不用十二月。直以立春之日为孟春之一日。惊蛰之日为仲春之一日……永无闰余。十二月常一大一小相间。纵有两小相并一岁不过一次"云云。两人主张所差别的，萧纳伯要以立冬为元旦，沈括则以立春为元旦。这样的改良历可称为彻底的阳历，事事以太阳运行的周期为主，较之现行的阳历（以一月一日为岁首，尚是传统的朔日，与月亮有关者）更为合理。唯有一点，须说明者，即是地球绕太阳并非作正圆形，而是椭圆形，换言之，地球离太阳的距离有时远，有时近。地球一年中离太阳最近的时候，轨道上这一点，叫近日点；离太阳最远这一点，叫远日点。现时地球到近日点正值一月一日，当北半球的冬天。到远日点，值七月三日，当北半球的夏天。离太阳近的时候，地球走得快；离太阳远的时候，地球走得慢。因此冬夏两季的时间并不相等，冬季短而夏季长。从春分到秋分有一百八十五天，而从秋分到春分却只一百七十九天有余。所以如照沈括的办法，冬季半年六个月每月只二十九天或三十天，而夏季半年六个月每月统有三十一天了。

论新月令

一、引言

岁有四序，所以推寒暑之变，观往而知来，俾未雨而绸缪。《礼》有《月令》，所以纪农事之宜，定耕获之常轨，得有条而不紊。善辨物性，利顺天时，可以不失操作。特月令有时地之性，须随处体察，不可墨守成法，现行之二十四节气，乃初汉时所定，只能适用于黄河流域，以之概论漠北、岭南，则不啻闭门造车，削足适履。故今日所讲之题为"新月令"。

二、中国之节气

四季之递嬗，中国知之极早。二至二分已见于《尚书·尧典》，即今日之春分、秋分、夏至、冬至是也。降及战国秦汉之间，遂有二十四节气之名目。所谓二十四节气者，即立春、雨水、惊蛰、春分、清明、谷雨、立夏、小满、芒种、夏至、小暑、大暑、立秋、处暑、白露、秋分、寒露、霜降、立冬、小雪、大雪、冬至、小寒、大寒是也。自立春至立夏为春，自立夏至立秋为夏，自立秋至立冬为秋，自立冬至立春为冬，每季分三气、三节，每月定一气、一节。四季之安排，法莫善于此者，此所以宋儒沈括赞扬之于先，而今日气象学家泰斗英人萧纳伯氏且提倡欧美之采用此法也。

二十四节气全部之名称，始见于《淮南子·天文篇》。《汲冢周书·时训解》虽亦有二十四节气之名，唯后儒王应麟等均疑此书为东汉人伪托，非周公之旧。此外《大戴礼记·夏小正》已有启蛰、雨水等名目。《国语》楚范无宇曰："处暑之既至，韦昭注七月节也。"《管子》亦有清明、大暑、小暑、始寒、大寒之语，特古历惊蛰在雨水之前，谷雨在清明之前。《左传》桓公五年启蛰而郊，注蛰夏正建寅之月。郑康成《月令注》亦曰《夏小正》正月启蛰，汉初亦以启蛰为正月气，后因避景帝讳而改名惊蛰，是故汉初惊蛰犹在雨水之前。惊蛰、雨水及谷雨、清明之倒置，邢昺谓始于刘歆之《三统历谱》，顾宁人则谓始于李梵、编诉之"四分历"。《淮南子》与《逸周书》均已先雨水而后惊蛰，至《新旧唐书》，则又先惊蛰而后雨水，至《宋史》，始雨水在前，惊蛰在后。

三、中国古代之月令

月令气候详于《夏小正》《吕览》《礼记》及《淮南子》。诸书虽互有出入，唯均以月为主，如孟春之蛰虫始振，仲春之桃始华是也。《逸周书·时训解》始以五日为一候，分年为七十二候，乃不以月而以节气为标准。如立春之日，东风解冻，又五日，蛰虫始振，又五日，鱼上冰。雨水之日，獭祭鱼，又五日，鸿雁来，又五日，草木萌动。惊蛰之日，桃始华，又五日，鸧鹒鸣，又五日，鹰化为鸠。春分之日，玄鸟至，又五日，雷乃发声，又五日，始电等。北魏始以七十二候颁为时令。考《魏书》所载"立春三候，鸡始乳，东风解冻，蛰虫始振。雨水三候，鱼上冰，獭祭鱼，鸿雁来。惊蛰三候，始雨水，桃始华，鸧鹒鸣。春分三候，鹰化为鸠，玄鸟至，雷乃发声"等，则较《夏小正》《月令》《逸周书》迟一候或数候。以桃始华而论，《周书》以为惊蛰初候，《魏书》则以为惊蛰次候，而《夏小正》则在孟春之月。又《魏书》以"电始见，蛰虫咸动，蛰虫启户"为清明之

26

三候，而《月令》则在仲春之月。此分候之先后，以取制之不同，抑因地域气候之有变迁，实有俟于考证，《隋书志》同《魏书》《唐书志》所载分候，则系开元时一行所定之大衍术，多从《逸周书》。《宋史志》同，《元史志》微有更动，自元及清，通书所载，类皆因袭无异也。经史而外，古人之记录物候者，代有其人，如崔实之《四民月令》，娄元礼之《田家纪历撮要》，梁章钜之《农候杂占》，程羽文之《花历》等，不可枚举。但古人所记，大抵因袭经史，或指一地一时而言，其能别纬度南北，地形高下，时代先后者盖鲜。唐宋之问《寒食陆浑别业》诗"洛阳城里花如雪，陆浑山中今始发"。又白乐天《游大林寺》诗"人间四月芳菲尽，山寺桃花始盛开"。此则言地形高下之别也。北宋沈存中《梦溪笔谈》谓"土气有早晚，天时有愆伏……岭峤微草，凌冬不凋，并汾乔木，望秋先陨，诸越则桃李冬实，朔漠则桃李夏荣，此地气之不同也"。明谢在杭则谓"闽距京师七千余里，闽以正月桃花开，而京师以三月桃花开，气候相去两月有余，然则自闽而更南，自燕而更北，气候悬殊，复何纪极"，此则言纬度南北之分也。陆放翁《老学庵笔记》引杜子美雨诗云"南京西浦道，四月熟黄梅，湛湛长江去，冥冥细雨来，芳茨疏易湿，云雾密难开，竟日蛟龙喜，盘涡与岸回"，盖成都所赋也。今成都乃未尝有梅雨，唯秋半积阴气之蒸溽，与吴中梅雨时相类耳，岂古今地气有不同耶？元金履祥根据《礼记·月令》疑古者阳气独盛，启蛰独早，此则指各时代气候月令之有变迁也。但古代搜集各地各时代物候之富，当推清代之刘献廷。全祖望《刘继庄传》曰：诸方七十二候，各各不同，如岭南之梅，十月已开，桃李腊月已开，而吴下梅开于惊蛰，桃李开于清明，相去若是之殊，今世所传七十二候，本诸《月令》，乃七国时中原之气候，今之中原已与七国之中原不合，则历差为之，今于南北诸方，细考其气候，取其核者，详载之为一，则传之后世，则天地相应之变迁，可以求其微矣云云。惜乎继庄之书，除《广阳杂记》而外，均不传于世，而其对于月令气候之研究，亦无可考矣。

四、近世物候学之发达

　　草木之荣落，候鸟之往返，由气候之寒燠而得物类之感应，中国旧称谓之"物候"，论此物候之称名，至为确当。但物类受天时之感应，不特因地势之高下，纬度之南北而异，即山阳、山阴已感不同，即同种异类之花卉，其含苞放花之时期，亦自有别，故观测物候，欲求精密，不得不以科学方法也。

物候学据耿省《物候学》一书，则溯源甚早。希腊时代，雅典人已识物类岁时之变迁与农事及气候之关系，遂并列物候与气候之变迁，制定月历。罗马恺撒帝更作《物候之周历》，分诸田夫，以利农事。唯物候之成为科学，则始于十八世纪中叶。瑞典林内首将植物、动物选定品类，专意观测，编制花历，因以引起自然科学家对于物类适应环境研究之兴趣，知物候学之重要。物候之学，以其发轫稍迟，故自十八世纪至十九世纪之初，物候学之进步，仍甚徐缓，十九世纪中叶以后，各国乃始注意及之。物候之记录，英国马胜家之所记，溯自一七三六年以至于今，除阙一八一一年至一八三五年间，二十四年之记录外，赓续不绝，记录之久，为世界冠。一八四六年比利时之桂德兰亦从事物候之研究，作有规律系统之记录。此外研究物候者，在美国则有皮葛辂（1817），以加拿大蒙特利尔与美国南方阿拉巴马二省之记录，作物候之比较；俄之费果夫，德之贺芬曼俱研究物候之有力者，而德国安因又创编《物候杂志》，是实为物候之学定期刊物问世之最早者。欧战之后，经英、俄各国之提倡，物候之研究，顿有蒸蒸日上之势。英国皇家气象学会组织物候观测委员会，一九二〇年，观测人员不过百三十二人，至一九二八年，人员之数增至四百六十七人。俄国在一九二四年，有观测人员两百五十九人，近则已达两千人。美、德、法各国，关于物候，亦力加扩充。此学方兴未艾，前途正无可限量也。

五、物候观测之标准

物候之观测自亦应有准绳，俾得循序以求。林内定植物观测之标准凡四：（一）叶初舒；（二）花初开；（三）果初熟；（四）叶都红（指一半以上），据其所定，迄今犹无大变。据民国十八年英帝国气象学大会农业气象组所定之标准，取始花、初叶、花盛、果熟、叶落五点。而美国近时农部林务局之规定，花木之观测，又分十五项：（一）芽始萌，（二）芽初苗，（三）叶方舒，（四）叶见茂，（五）花始开，（六）花盛放，（七）叶变色，（八）叶始落，（九）叶落尽，（十）实初熟，（十一）实尽熟，（十二）实始落，（十三）实落尽，（十四）果之味，（十五）果之量。禽鸟之观测，分列三项：（一）鸣声（初鸣、离声）；（二）迁徙（始见、初归）；（三）定巢（成巢、育卵、见雏）。此可谓审辨之详，观测之精者。关于观测方法，美国植物学家裴兰著《物候观测指南》一文，刊行于世。英国气象学大会农业气象组将开花结果之定义，更加以注释。如云花始开，必也树上花蕾均将怒放，而一花独先开，始可记录。如他花初见萼片，离放花之期尚远，而一花独先发，则不得作为依据。又如落叶，以树上叶落达十之九，即称落叶。叶初舒，以叶平为准。凡诸定义，必须遵守，否则标准稍移，月令参差。不可以互相比较。故各国俱由一学社，或由政府指定之机关，规定条例，然后施诸各地，照样填写。我国则以素无此项之规定，急应着手编制也。

各类禽鸟，据贺芬曼之见解，不若花木感应本地气候之灵敏，且鸟之初鸣、初见，颇易于引人注意，及其去也，则日期颇难确定。故归去之期，于燕以外，恒不记。华尔陀又称动物于物候之感应比植物为差，以其有习惯性，每年及时而来，不定依气候之感应，且鸿雁玄鸟之来去，其感应于冬季居留地之气候耶？抑受夏季目的地气候之影响耶？抑受途次各处之天气之影响耶？亦殊难断定也。

"十月先开岭上梅"，可见花木之感应，实受纬度南北之影响。然而土质之肥瘠，地势之高下，阳光之向背，俱存潜移默化之势。故观测植物，务须审辨其土质，测定拔海面之高度，说明地形之种类，然后观测气象之变动，庶几得以定物候之时期，而互相比较也。

六、动植物选择之标准

观测物候所选之动植物，须择传布广远，而同种异类鲜少者为宜，使全国或全球皆可观察同一物类，而不致李代桃僵，鲁鱼亥豕。据贺芬曼物候观测之植物，其品种之选择，须具下列性质：（一）此种植物须分布甚广；（二）苗叶开花结果之时期，易于辨认者；（三）记录所得之结果，须能有裨实用，而确能以示植物一年中发育之序者；（四）所选植物须各处所常用，而不受意外之影响者。可谓至理名言。现时各国通行办法，所观测之植物，必须认定一株，足为标准者，然后年年视察不复更易。中国幅员广阔，于物候观测及品种之抉择，宜依照贺芬曼之标准，而选择取舍也。

欧洲各国关于物候观测植物种数之选定，在十九世纪中叶，所取观测之种数甚多，嗣后取精删繁，群趋于简略。故近世英国自七十六种减至十二种，德国自百三十种中而只取三十三种，法国由百六十九种而仅用四十三种。民国十五年英国皇家气象学会克桓克氏并拟定花木凡三十一种，禽鸟凡七种，昆虫凡五种，以为国际观测物候之标准。法国气象局局长戴康亦于民国十八年国际气象台台长会议中，力主由国际规定物候学观测之品类，想不久当可见诸实行矣。

七、物候学定律

凡花木向阳而茂，背阳而衰，凡禽鸟暖而出，寒而伏，物候与气候之间，其相关切，可以不言而喻。唯其中以温度之关系最大，以温度积之高低，可以定一年中植物发育之程序。白郎弟云：植物之始花，或有先后，然自一月一日起，以至各年开花之日，逐日平均温度之积（在冰点下者不计）相较，则相差殊微。始花之日期，或能有二旬之先后，而各年之逐日平均温度之温度积，则无甚参差。贺芬曼则认白球之最高温度积，较诸平均气温之积，更为重要。或有用黑球之温度积，更有以光波之长短及雨量之多寡而研究物候之变动者，兹不赘。

我国文人如宋之问、白乐天、沈存中、刘继庄辈，已知地形之高下，纬度之南北，足以影响于物候；然其影响之多寡，则大有赖于后人之研究也。一八三〇年德人许伯鸢测得物候变动与纬度及地形之关系，在中欧每差一纬度，其始花也，前后之差，约近四日。在北半球，愈北则开花愈迟。地形高于海平面每三百二十八公尺，亦相差四天，愈高则愈晚。一八四六年比利时人桂德兰已知物候之变动，受经度之影响。富立志于一八六五年测得在欧洲每经度东行五度，始花之日凡迟两日，德人安因为之纠正，谓每经度向东一度，则迟凡十分之九日。一九一八年，美国人霍百竞复集前人研究之大成，借以考察北美之物候，创物候定律。简言之，即每差纬度一度，或经度五度，或高度上升四百公尺，各物候之现象，先后差四日，向北、向东、向上则晚。我国在北半球所处之地位，与美国相若，则物候之感应，或有相类之定例乎？是则有待乎日后之研究也。

但此等定例，亦非随时随地皆可应用也。以花木同时始华之处相连，可作等花线。以禽鸟同时始见之处相连，可作等见线。等见线与等花线之趋势，大致与等温线相类。俄之许美德曾绘民国十三年布谷之等见线，以研究布谷在俄国往来之踪迹。查是年俄之中部布谷之来特早，而东西两方均迟，实有背于物候之定例。一经考查，始知于是年四月二十三日，骤发飓风，自波罗的海至黑海之间，仅俄之中部有南风，他方均系北风。故俄国中部布谷之早至，实受当时风暴之影响。又据挪威学者安诺物候定律应用之研究，求得每一纬度之差，在四月差四点三日，五月二点三日，六月一点五日，七月仅差零点五日，比较结果，知物候定律未能概括一切。但行远必自迩，登高必自卑，研究科学由粗及精，自然之理也。

说 云

云是极普遍而日常所习见之物，其载见于古史经籍者，如《诗经·小雅》云"天上彤云"，《易经》云"云从龙"等等。其后望气者流，恃为占卜国家休咎兵事胜负之具，即史书所述如《晋书·天文志》所载，"韩云如布""赵云如牛""越云如龙""蜀云如菌"等，亦系一知半解之言。唯朱晦庵氏言云之成因："云乃湿气之密且结者也，地上水汽，被日曝暖，冲至空际中域，一遇本域之寒，即弃所带之热，而反元冷之情，因渐凑密，终结成云。"其见解甚近科学原理。至欧美各邦，其以科学方术测究云者，亦不过近百五十年事。至于今日，凡云之组织、成因、高度以及厚薄等，吾人已知其大概。兹分为四段述之如下：（一）云之组织及成因；（二）云之类别、高度及厚薄；（三）云与雨之关系；（四）云之美。

一、云之组织及成因

云为无数至微之水点集合而成，唯世之能足登峻巅，身驾飞机，入腾云中，以实探云之真形者至希。雾，经见者也，雾与云名异而实同，悬于空际为云，逼近地面，即为雾也。其成因盖由空中水汽之容量有固定限制，过之则余剩而结成水点或冰点，所谓饱和点或露点是也。空中含水之量，随其温度之高低，以增减其定量，设空中水汽骤增，或温度降低，皆足以使水汽余剩而凝成云雾之点，至云雾之点，体积至微，非目之所能睹及。现经气象学家韦尔斯测得每一立方英寸以内，雾点之含数量，轻雾凡千余粒，而重雾之际，自两万以达百万粒以上不等。其每粒所含水分亦至寡，长十五尺、广十二尺、高一丈之屋中，设雾点充满其内，若集合其所含水量，不盈一大酒樽，可仰口而咽也。然雾点之粒数，已达六千万万矣。设雾点两千五百粒横列之，其长度仅得一寸焉。水之成云雾点者，每点必具中心核，核质为微尘，大率为海中之盐类，或煤气之烟屑，而非空中飞扬之沙土也。雨水虽含有煤屑与盐粒，但仍不失为天然水中之最洁净者，盖其所含之微尘，仅至稀之量耳。云点翱翔空际，虽至极低之温度，达冰点下二十度，可不凝结为冰，其所以能存于冰点温度以下之空气中，尚不凝冻者，亦赖其含有盐粒有以致之也。

二、云之类别、高度及厚薄

我国昔日未尝有云之分类，至若"越云如龙""蜀云如菌"等语，不足确定云类者也。泰西之最初分定云类者，始于十九世纪初叶，英国人卢克·霍华德划云类为四。今之在国际间所共认者有十类，更欲详细别之，则所计不下百类矣。然大别之，可划成三类：卷云、积云、层云是也。卷云极细极薄，若薄幕，若马尾，或若丝之纤维，盖皆由冰针所集成者也，每现之于风暴之先。昔《开元占经》云"云如乱穰，大风将至"，即谓此也。时而卷云相集成片，似张帷苍穹，皓月与星光遇之，呈毛毛状，曰卷层云。谚云"月光生毛，大水推濠"，盖亦霖雨之征候也。时而卷云分裂如小块状，成卷积云。若玛瑙之皱纹，海面之波涛，或鱼鳞之斑点，为云容中之最美观者，亦可作天候之预兆。有谚云"鱼鳞天，不雨也风颠"者是也。积云多见于日中，夏日尤甚，有如重楼叠阁者，有如菌伞凌虚者，又如群峰环列者，谚云"夏云多奇峰"即谓此也。积云虽为晴天现象，但堆积过甚，易成雷雨，苏东坡诗有"炮车云起风暴作"句，所谓炮车云者，即雷雨云也。层云作片状，近地者即谓之雾，现于朝暮之际，冬日较多，但鲜有降雨者，登高山见云海，殆皆是类云也。高度以卷云为最，常浮于七八公里至十公里间，积云与层云均属低云。积云高普通在一两公里间，层云低则近地面，高亦不过两公里，唯积云之厚者，其巅可高达七八公里以上也。厚度以积云为最，自数千英尺以达数万英尺，卷云、层云，不过数百英尺，亦皆非均等者也。

三、云与雨之关系

云之于雨，其分别在于水点之大小，所以一则浮游空际，一则降落地面耳。云既为水点所集成，其能成雨，固无足奇者。唯物体之居于空中也，较空气重者必下坠，水之重于空气者达八百倍，今大块浮云，游存于空中者何也？其故不外云点体积至微，每六分之一英寸直径之雨点，可分成云点凡八百万粒，且空气具阻力，今雨点重量之增加，与雨点直径三次方成比例，而空气阻力与雨点直径二次方成比例，故雨点愈小，下降率亦愈小也。云点之下降率每分钟仅八英尺之距，空气有甚微之上升，已足阻其下降；若空气为下降，则热度增高，云点为其蒸发消灭矣。云点既若是之微，其成雨之故，昔朱晦庵氏已有了然之解释，《朱子语类》载："盖雨落时多细微，雨点彼此相沾，若下之路远，则相沾之数更多而重大，故山顶比山根之雨微小，又冬月比夏月之雨微小，因夏云高也"云云。今之论者，以上升气流经过云层，所含尘埃被云层吸取其一部，所剩尘埃既少，则其所成之云点，自属较大。云点既大，下降率亦随之增多，又与所遇之云点相合，体积益大，卒达地面而成雨矣。至霖雨之所以能继续数小时，或数日者，乃由他方气流，源源接济不绝上腾所致也。全地球所受雨水之量，亦足骇人听闻，盖每一秒钟，平均竟达一千六百万吨也，然亢旱之象，地面上仍所不免。昔人有云，"如大旱之望云霓"，就表示农夫望雨之殷切。我国北方，雨量多属缺乏，终年望雨望云之意甚殷，若济南、北平等处，习见门联有"天钱雨至，地宝云生"云。此言自北方人视之，固属司空见惯，若多雨量区域之南方人视之，不免指为触目之谈也。唯云雨之于人生，果属至需，苟云量过多，亦殊不宜，盖统计全世界平均云量，为百分之三十至四十之间，日光为其遮蔽达百分之三十二。凡四川、云南、贵州等地，常感云量过多，有"天无三日晴""蜀犬吠日"之谚，近国立中央研究院气象研究所派员在峨眉山顶司测候，在平地所谓天高气爽十月之际，其所得全月之日光，不足四十小时，于卫生亦甚属不适者也。

四、云之美

我国于云之科学探究，往昔诚感缺如，至若云之美观，固已得明切之认识者久矣。溯自《竹书纪年》之《庆云歌》："庆云烂兮，糺缦缦兮"，以迨晋唐宋明诸代之讴颂，近之若谭组安《观云楼诗》，章行严集《题看云楼觅句图》等，靡不谈云之美，尤以陆士衡之《白云赋》《浮云赋》为最，能表白云之美丽，文词既属绮丽，而于云之形形色色，描来穷极变态，虽乏科学观念，但于云之美，可谓形容尽致矣。昔希腊哲学家柏拉图（生于西元前四二七年），谓人之五官感觉，唯嗅觉为纯，以非为欲之所驱者也。他若口之于味，饮食所以餍饥，嗜之过甚则谓饕餮；耳之于声，所以悦听，嗜之若周郎，则谓戏迷也；至美色之于人也，谚云"情人眼里出西施"，常有主观杂于其间，非全为客观美也。若照柏拉图之见解，吾人亦可说地球上之纯粹美丽也者，唯云雾而已。他若禽鸟花卉之美者，人欲得而饲养之，栽培之，甚至欲悬之于衣襟，囚之于樊笼；山水之美者，人欲建屋其中而享受之；玉石之美者，人欲价购以储之；若西施、王嫱之美，人则欲得之以藏娇于金屋，此人之好货好色之性使然耳。至于云雾之美者，人鲜欲据之为己有。

昔南朝秣陵人陶弘景者，齐高祖梁武帝之所威敬者也，隐于句容之句曲山，时以"山中宰相"称之，其答齐高祖询"山中何所有"一书，有诗曰"山中何所有，岭上多白云，只可自怡悦，不堪持赠君"之句，言云之超然美，洵为至切之谈。其后苏东坡由山中返，途遇白云，若万马奔驰而来，遂启笼掇之以归，咏赋以记之，但归家笼子打开，云即飞散，云之终不得为人之所有也明矣。且云霞之美，无论贫富智愚贤不肖，均可赏览，地无分南北，时无论冬夏，举目四望，常可见似曾相识之白云，冉冉而来，其形其色，岂特早暮不同，抑且顷刻千变，其来也不需一文之值，其去也虽万金之巨，帝旨之严，莫能稍留。登高山望云海，使人心旷神怡，读古人游记，如明王凤洲《游泰山记》，敖英《峨眉山记》，王思任《庐山云海记》，无不叹云殆仙景，毕生所未寓目，词墨所不足形容，则云又奇特美丽而已。

天气和人生

天气这个题目，是人人日常所谈到的。在人们相见的时候，开始就道寒暄，寒暄就是温度的冷暖；讲述说话，叫作谈天，谈天就是谈谈天气；作诗的人离不掉风月。如陆放翁诗里面每四首诗当中，总有一首讲天气的。天气这个题目在我们谈吐之中占这样重要地位，这是什么缘故呢？就是因为天气和人类生活关系极其密切，差不多一刻都不能离。最切近生活的像衣食住行四件事，没有一件事是不受到天气影响的，现在就把这四件事来分别说一说：

衣

衣服的功用，就是可以使人们去抵抗那不适宜的天气。因为人类的体温是要能够维持在一定平面上的——

42

平均在华氏九十八点六度或摄氏三十七度，若是温度太高或太低对于身体统是不利的。但是人类既不像禽兽有自然的毛皮来保护体温，所以若是没有衣服的话，在温带或是寒带里，人类简直是无法生存的。据人种学家的学理，也说人类最初是发源在热带地方，到了衣服发明以后，才能向着温带、寒带地方发展去的呢。据德国波鸿鲁尔医生的研究，人身上着了普通衣服而后，可以减少发散热量的百分之四十七。所以人们虽是生活在寒带里，着了衣服的肉体环境，恍如在热带里温度三十三度（摄氏）这种地方。就是世界上各地方衣服的不同，虽然一部分原因是随着历史的进化，但是最重要的原因，还是在于要适应天气环境。譬如中国服装和欧洲的服装是大不相同，中国衣服是富于弹性，在夏天穿着夏布衣服，冬天穿着狐裘毛褂，而且重裘叠袄，有时甚至可以加到七八件衣服；欧洲人衣服没有多少伸缩的余地，他们一年四季所差的不过是一件外套。这就是因为欧洲的天气是海洋性气候，冬夏温度相差，并不过大；我们中国的天气是大陆性气候，冬夏温度，就大不相同，所以西装在中国实在只宜于春秋两季。可是在长江同黄河流域的春秋季候很短，如此看来，西装衣服在中国是并不十分相宜的。就是在美国的东部，也是同样的不相宜。至于西装和中装形式的不同，中装是斜襟的，西装是直襟的，这也多少与天气有点关系。在地中海和西欧地方冬季以西南风居多，并不过冷；在我国冬季多西北风，就需要斜襟衣服，才能抵御那寒冷的西北风呢。雨量分布的多寡，也能影响到人类的着装。在我国北方，如济南和北平地方的洋车夫，无论如何的穷困，统是着鞋袜的；在长江流域多雨量的地方，洋车夫因为着了鞋袜，容易潮湿，就赤足着草鞋，反而在卫生上，是比较好些。到了雨量更多的南洋地方，温度很高的环境里，普通人都不着袜子，只有病人才着袜子呢。

食

五谷、牲畜的分布，都是随着气候而定的，所以人们吃的东西，不能不靠天气，南方人食米，北方人食麦，这是个很明白的例子。而且在温度高的热天时候，我们所需要的滋养料，尤其是产生热量的食物像脂肪和糖之类，比冬天要少得多。佛教是发源在热带里的印度地方，所以十分的要主张素食了。

住

营造居室，也是人类生活上防御抵抗天气的一种方法。在英国人起初到美洲去殖民的时候，因为北美洲东方天气的恶劣，失败过好几次。第一次成功，在一六二〇年有一百零二个英国清教徒乘了"五月花"号到达新英格兰的普利茅斯，但是因为衣服的缺少和房屋的不适宜，才过第一个冬季，这一百零二个筚路蓝缕的人竟死亡了一半，可知房屋的建筑必须适应一个地方的天气。在北方寒冷地方的窗壁屋面造得非常紧密，以避寒风的侵入，我们只要比较北平和南京房屋的屋面，就晓得北方的屋面，要比南方的紧密得多。多雪的地方像欧洲西部，他们的屋顶角度都是极大，使雪可以不堆积在上面，才不至于压坏房屋。我国冬季少雪，所以屋顶角度都是不过三十度。建筑房屋，我们都喜欢门窗朝南，这里面也有两层与天气有关的原因，一则因为南向朝阳比较卫生，二则夏天多南风、冬天多北风。所以南向房屋既可以在夏天得到需要的流通空气，在冬天又可以避去寒风的侵袭。但是这种原因一到热带地方就不再存在，一到南半球，所有的房屋就应该北向了。天冷的地方如格林兰的爱斯基摩人，他们用雪造房子，用冰当窗户。天热的地方如伊朗德黑兰，每个房子统有地窟，一到夏天炎日可畏的时候，人们就蛰居地窟中过生活。日本西部冬天多雪，街道上积雪高过于人，可以使交通断绝。所以他们房子的屋檐，统统凸露出在街面上好几尺，以便冬天雪多的时候，行人可以在屋檐下来往。甚至于我们家庭所撰贴的门联，也和气候有关，譬如在北方一带，有种很普通的门联写着"天钱雨至，地宝云生"，像这种句调，在南方人看来极是触目生奇的，这就可以表示在黄河流域一带，雨量稀少，而人人都有如大旱之望云霓的感想。

行

我国南人行船，北人骑马，南方多运河，北方到处康庄大道，这无非因为南方多雨，北方干燥的缘故。在普通送别的时候，我们总是祝望着旅行的人能"一路顺风"，单就长江上下游而论，帆船的数目何止万千，一年中所用的风力总要抵到烟煤数万至数十万吨呢，这也可见风与行旅的关系了。西洋人在轮船未发明以前，船只的行驶，也全靠风力，他们在大洋中行船最怕到赤道附近无风带，因为无风带，是要耽搁路程日期的。在东亚季风带内夏天吹东南风，冬天吹西北风，所以在两晋、唐、宋、元、明的时候，中国要和印度、波斯、阿拉伯等处来往，去的时候，必在冬天，回来的时候，要在夏天，才可以得到顺风。在晋朝安帝时候，有位法显和尚，他自从长安出发到中印度，在他回国的行程中，他到爪哇正在十二月中东北季风盛行的时候，因为没有顺风，所以他就停留了五个月，等到四月间有了西南季风才回国。就是哥伦布出发往美洲，也是靠着风力，因为他在信风带里有东北风吹向美洲，若是他在北大西洋遇到西风，那就要比较困难了。即使现代的飞机来往也是要依赖风力的，所以在飞机上升以前，先要问明气象台，在那一层的气流才是顺风，随着飞到什么高度。在温带里面，西风比东风多，所以环绕全球或是飞渡大洋的人，总是从西向东的多，因为从东向西就要遇着逆风了。第一次飞渡太平洋成功的是美国人潘伯恩和赫恩登，他们先飞渡大西洋经过柏林、莫斯科、西伯利亚到日本，在一九三一年十月三日才从东京出发经过四十一小时三十一分钟的时间，飞渡四千四百五十八英里的路程，回到美国的西岸，这样绕大圈子来飞渡太平洋，也无非要避掉逆风罢了。以上所讲单就天气和衣食住行四项的影响而论。其实天气对于一个民族的哲学、文艺、美术和国民性也统有关系。今天因为限于时间只好从略了。

气候与人生及其他生物之关系

一、气候和衣食住

气候和人生关系之密切，从衣食住各方面统可以看出来。先说衣吧。

俗语有句话，叫"急脱急着，胜如服药"，这就表示我们穿衣裳之厚薄多少，须随天气而定，所谓夏葛冬裘，依季节而变换，这是很明白的。以鞋袜而论，山东、平津一带的苦力，如黄包车夫统是着鞋袜的，所谓不愧为齐鲁礼仪之邦。一到长江流域，一般苦力就双足着草鞋，因为长江流域雨量多，到处是水田，普通苦力穿了鞋袜是行不通的。在北洋军阀时代，一般北方兵士到长江一带来，对于穿草鞋的习惯，引为一桩苦事。到了两广一带，雨水更多，草鞋一浸水就不易干，于是就一变而通

48

行木屐。赤了足穿木屐，在多雨而闷热的岭南，是很适于环境的。可惜现在有钱的人多穿皮鞋，皮鞋极不通风，在两广遂流行一种足趾湿气病，这类病为欧美所无，西医无以名之，遂名之曰香港足。这就表示穿着若不适应环境，是会出毛病的。

自从欧洲文化东渐以来，西装在我国渐渐通行了。但论起气候来，西装实只适宜于欧洲，而不适宜于我国的。因为欧洲的气候是海洋气候，而我国的气候是大陆气候，海洋气候冬温夏凉，大陆气候则冬冷夏热。譬如南京冬夏温度相差至摄氏温度二十四度之多，北平冬夏的寒暑相差更甚。但是欧洲西部和沿地中海诸国，冬夏冷热相差很少，罗马十八度，巴黎十六度，伦敦不过十四度。西装是应欧洲的天气环境而产生的。所以冬不裘暑不葛，一年四季，伸缩极为有限。西装到了北美洲，实际已只适宜于西部太平洋沿岸，而不适宜于东部。行之于大陆气候的我国，夏季则汗流浃背，冬季则奇寒彻骨。讲到舒适合时，远不及中国装。中装和西装尚有一点不同，即西装是对襟，而且向例外衣虽有纽而不扣。中装除了马褂之外，统是斜襟，而且有纽必扣。这一点分别也有气候的背景。凡是到过平津一带的人，就晓得华北冬天的西北风如何凛冽，吹来的风沙无孔不入，绝非对襟纽而不扣的衣服所能抵抗得住的。就是衣服的洁净和龌龊，亦和气候有相当关系。蒙古人衣服的两袖，虽油光四起，仍不洗涤，这是因为蒙古缺乏雨水的缘故。

人们的饮食受气候的影响也很大。我国南人食米，北人食麦，是最显著的一个例。在关内人烟稠密，草莱多辟为田畴，农耕是最重要的职业，即使间或有畜牧牛羊的，亦不过当作一种副产品。牛羊之数既少，牛奶羊奶就不被人所重视。但是到了蒙古，情形就大不相同了。因为蒙古雨量稀少，根本就不适于农耕，唯有草类尚能生长，可以作游牧之用。从周、秦、两汉以来，匈奴、突厥、回纥，以至于今日之蒙人，统依赖牛羊为生，乳酪遂成为日常的重要食品了。

一个民族的吃荤和吃素，亦和气候有关。以大概而论，热带之人食素，寒带之人食荤；潮湿地带人民食素，干燥地带人民食荤。在热带，果木繁殖，谷类丛生，而家畜如牛羊之类，反因蚊蚋众多，不易豢养。椰子香蕉是热带土人最普遍的食品。在寒带则五谷蔬菜不能滋生，但驯鹿可以生长于冰天雪地之中，其肉可以充饥肠，奶可以作饮料。两极附近富于鱼类，北冰洋中之爱斯基摩人，全靠捕鱼和海豹来维持生活。寒带里面居民之所以吃荤，和热带里面人民之所以吃素，一样是受气候的限制。佛教徒以不杀生为戒，这在印度、日本和我国长江、黄河流域的和尚尚易办到。但到了海拔四千公尺，五谷蔬菜不能丰登的西藏高原上，问题就不同了。西藏的喇嘛，迫于环境，势非茹荤不可。去年班禅到杭州、上海的时候，一般善男信女，见了班禅和他的随从大啖牛肉，引为奇谈。若是晓得了此中原因，就不至于大惊小怪了。

住的问题和气候关系更为密切。住宅的第一目的，就是要避风雨。我国北方一带风沙大，北平一带屋顶上瓦沟和屋檐的封固，要比南方紧密些。北平比较考究的房子，就有两个窗户。北方雨雪少，许多平民住宅，屋顶全是平的。这在多雨雪的地方，不但是引起屋漏，而且冬天大雪之后，可以把屋子压倒的。欧美各国，凡是多雪之地，屋顶统尖削作金字塔式，冰雪不至于堆积在屋上。日本西北部，冬季西北风来自日本海，所以雨雪霏霏，街道上积雪可以深至七八尺。大街上两旁人家的屋檐，伸出墙外至四五尺之多，使人行道不至于为雪所封闭。我国自厦门以南，凡大城如香港、梧州等，街上的人行道上统造有走廊，一以避风雨，二以避炎热可畏的日光。

讲到日光，依照现代科学上的研究，于人生有无限的利益，不但可杀微菌，增健康，而且可以疗治软骨症、肺痨等等。欧美现代建筑的式样，很受这理论的影响，普通作鸟笼式，面面皆窗，使阳光随处可以射入。这类新式建筑，在国内也慢慢地盛行了。可是在中国气候状况之下，这类建筑是很不合时宜的。因为西欧诸国，纬度已高，兼之气候温和，所以一年中并无夏天。沿地中海各国和美国的大部分，虽有夏季而并不长。欧洲英德法诸国，大多数时间云雾蔽天。以英国而论，一年当中每天平均照到太阳光的时间，在牛津不过四小时，爱丁堡只有三小时。我国的纬度低，夏季长，黄河流域夏季已有三个月之久，到了长江下游就有五个月，到了华南增至八个月，而且每天照到太阳光的时间，要比英法德各国长得多。北平每天平均七小时有余，南京每天六小时不足。所以英法德诸国患阳光太少，而我国大部尤其是在夏天患阳光太多。一到夏季，南京各处的新式洋房，便都搭上一个芦席棚，好像一个华服的妇人，外面罩上一件褴褛不堪的大衣。新式洋房墙上多开窗户，原是要想多吸收太阳光，但是外面遮一层芦席棚，是不准阳光进去，既不经济，又不雅观。这种矛盾现象，就可以表示我国若干建筑家，还只晓得依样画葫芦，而不能自出心裁地来适应环境。实际以我国夏季之长，日光之强，三十年前所流行有走廊的洋房，还比现代鸟笼式的建筑更为适用。当然从美术眼光看来，复古是不可能的。但适用而兼美观的式样，只要努力去设计，一定可成功的。西式的房子，尚有一点不适宜于我国的，欧洲有冬无夏，为节省煤力电力起见，所以住屋宜矮小，我们长江以南，夏长冬短，故房间宜高大而宽敞。

都市的设计，亦和气候有关。欧美纬度高，终年以西风为多，住宅宜设于城之西部，以避免工厂之煤烟及人烟稠密地点之恶浊空气。大城如伦敦、纽约，城之西部统是豪家的住宅，而东部则为工厂区域或贫民窟，我国在季风区域，终年之风多自东来，故行政区住宅区应设在城之东面，这是主管都市设计的人应该注意的。

二、气候与文化

世界最古的文化差不多统起源于干燥地带之大河流域，如尼罗河之有埃及，幼发拉底河之有巴比伦，渭河流域之有周、秦，是最好的例子。寒带和热带从未产生过伟大独立的文化，居住热带的人民谋生太易，椰子香蕉可以不劳而获，因此一般居民无深谋远虑，到过南洋群岛的人们，统晓得爪哇人和马来人的偷闲爱懒，虽家徒四壁，亦嬉笑自若，倘有隔宿之粮，即高卧不起。非洲和美洲的黑人，亦有同样的风度。人类的文化全靠各个民族努力而产生的。热带里面之所以无文化，多半是因炎热潮湿的气候，可以使民族无进取精神的缘故。寒带情形与热带相反，热带谋生太易，寒带则谋生太难，在冰天雪地中，爱斯基摩人以渔猎为生，终年劳碌尚不能谋温饱，弄得朝不保夕，苟延残喘。管子所谓"仓廪实而后知礼节，衣食足而后知荣辱"，则寒带里面之不能产生文化，亦是意料中事。

文化产生地带既非温带莫属，但为什么要在干燥半沙漠地方呢？要解答这个问题，我们要设想一个文化之出现，绝非一朝一夕之事，必须经过相当时期。在文化酝酿时期，若有邻近的野蛮民族侵入，则一线光明即被熄灭。所以世界古代文化的摇篮，统在和邻国隔绝的地方。尼罗河、幼发拉底河、印度河的四周固然是沙漠，就是我国的渭河流域，西、北两方也是半沙漠地带，且南面有秦岭，东面有函谷关，所谓四塞之国，在这样区域之内，才能孕育一个灿烂的文化。

从希腊的亚里士多德到法国的孟德斯鸠，这两千年中已有许多哲学家相信气候是能支配文化的一个要素。民国四年，美国的耶鲁大学教授亨丁顿著了一本书，叫《文化和气候》，他搜集了许多材料，证明文化和气候之关系的密切，他这本书到如今已经第六版了，在通俗的科学书中销路算很广的。他的结论可总括如下：凡是现今文化发达的区域，如同欧洲之英、德、法、荷兰、瑞典诸国，意大利北部，美国东部和日本，统在良好气候地带之内，而气候不良区域尽属退化或野蛮民族所居。亨丁顿所谓理想气候的条件：第一，冬天的平均温度在摄氏四度左右，夏天在十八度左右。第二，平均相对湿度为百分之七十。第三，一年当中风暴愈多愈妙，使天气常生变化。这种理想条件世界各处无一地能适合的，唯有英国和美国北部的气候和这条件尚相接近。我国长江、黄河流域和日本，夏季统嫌太热，风暴亦不及欧美之多。亨丁顿以为风暴的多寡，尤其足以影响到文化程度的高低。他曾经用美国西点军校和亚纳波列海军大学学生的成绩，和美国东方几个大城中若干工厂中工人工作做测验，得到出乎意料的结果。就是天朗气清，温度没有变动的时候，学生的考试和工人的出品都非常坏，到了狂风骤雨将临，温度骤降的时候，学生考试和工人出品，成绩统特别好。亨丁顿的测验并非限于短时间，统是根据四五年的成绩，所以绝非偶然。到近来，亨丁顿的学说得到一个生理上的解答。据英国爱丁堡大学克拉谋医生的研究，空中气温若骤然下降，人体肾上和项下两腺受了刺激，就能多泄内分泌，使人立刻觉得奋发有为。但温度若持久不变，则腺失了刺激，内分泌减少，就会使人萎靡不振。个人既如此，民族亦何尝不然，经过一番风暴，即有一番寒暖晴雨的变迁，所以风暴多的地方，人身常受内分泌的刺激，使其振作精神，跃跃欲试。

三、气候与卫生

在各种哺乳类动物中，皮毛要算人类最稀了，若使不穿衣服，人类很难得在温带和寒带中生活着。因此有人相信，人类之起源必在热带。自从人类发明了衣服以后，人为的环境可以抵抗气候，人类的足迹，遂遍于全世界。据卢伯纳医生的研究，人穿了衣服以后，无论外界如何寒冷，人的肉体仿佛在摄氏三十三度的空气中。唯其如此，才能日常保持三十六七度的体温。在气温比体温还要高的时候，人类身体上有一种机能，可以避免体温的增高。这机能就是人类身体上的汗腺。有多少哺乳类动物，如猫、狗和老鼠等，除了身体一小部分外，是没有汗腺的，因此就不能抵抗很高的气温。一只老鼠在静止的空气中，气温若增加到摄氏三十八度就会死的。人和马猪等，身体上汗腺分布极广，气温高一些，立刻就出汗，使体温不至于过度地增高。出汗的功能，就是使汗液蒸发，而使人感觉凉爽。人类有了衣服，再加出汗的机能，在地面上各种气候状况之下，虽能对付得过去，但是气温太高或是太低，或是变动太缓太骤，于人类的健康统有很大的影响。据民国二十一年、二十二年，上海、南京、杭州、汉口、青岛五个城市的统计，一年

56

中死亡人数最多在八月和九月，次之在二月和三月，而死亡人数最少是在十月、十一月和五月、六月。换句话讲，在我国中部夏秋之交死人最多，冬春之交次之，而春秋却是死人最少的时候。

夏季和冬季之病症亦不同，夏季的流行病是霍乱、伤寒、疟疾和痢疾，冬季是肺炎、白喉和猩红热。夏季患的多是胃肠病，而冬季多是肺管病。为什么死人最多，夏季不在最热的七月而在八九月，冬季不在最冷的一月而在二三月呢？这多半因为人体抵抗力，经过夏天的酷暑和冬天的最严寒以后，慢慢地减少了，而病菌遂得乘机潜入的缘故。据一九〇九年至一九一〇年间的调查，日本死亡人数，一年中以九月为最多，八月次之，而以六月为最少。可见我国和日本气候差不多，一年中死亡人数的增减亦相仿。据同时期日本调查女子受孕的数目，则和死亡的数目却相反，以六月为最多，四五月次之，而以八九月为最少。一年各月中日本女子受孕数目，统超过人口死亡的数目，唯有九月份死亡数目比较受孕数目还多。可见得假使日本单有夏天而无秋春冬各季，则日本的人口不但不能增加，而且会有减少的趋势。

美国东北部夏季不及我国和日本之酷暑，而冬季之寒冷则过之。所以二三月间死亡率比七八月间要高得多，而五、六两个月的死亡人数最少。美国夏季死亡人数之少，另外还有一原因，即是各城市村邑，卫生设备好，夏季的流行病如霍乱、伤寒之类，几乎绝迹，这当然是与气候无关的。可是在同一城邑，凡是冬季愈冷或是夏季愈热，则死亡人数愈多。以纽约城而论，八个最冷的三月，比较八个最温和的三月，温度要低三度半，而死亡率就增加百分之十。到夏天则相反，八个最热的七月，要比八个最风凉的七月要热一度半，而死亡率则增加百分之十四。可见死亡率和温度之关系，绝非偶然的了。

亨丁顿根据美国九百万病人的研究，知道在美国东部，病人最相宜的温度，是摄氏十八度，相对湿度是在百分之八十左右。温度增高至二十四度以上，即于病人有害。空气干燥，于病人卫生亦不相宜，尤以冬季为甚。即在印度乐克诺地方较孟买为干燥，而其死亡率即大于孟买，即在印度同一地点，三、四、五各月干燥时期之死亡率，较之六、七、八各月潮湿时期之死亡率为大。以温度而论，则印度之春季与夏季同样暑热。中国一般人以为干燥的空气比潮湿的空气卫生，是错误的观念。

四、气候与其他生物之关系

人类因智能出众，已创造了许多方法以减少气候的种种限制，植物和其他动物，既无这种创造力，所以它们所受气候的限制，比人类还要大。以植物而论，寒带和热带，高山和平原，沙漠和湿地，所生长的草木，种类完全不同。植物所需的四大要素，日光、温度、湿度和土壤，其中气候却占了三个。一棵树的叶子，厚薄多少与叶绿素之分布，统和日光强弱有关。高山上面有若干树木，侏曲伛偻，不能如平地上一样发育成为高大乔木，就是因为山上紫外光线太强的缘故。单以眼睛能见得到的太阳光而论，红色光线和蓝色光线的作用就不同，据瑞典冷谭加教授的研究，红色光线使细胞生长，蓝色光线使细胞分裂。红色光线和蓝色光线的比例，晴天大于阴天，高原大于平地，沙漠大于海滨，热带大于寒带。因所需日光多少之不同，植物可分为阳性的和阴性的两大类。

温度对于植物的重要，极为明显，空中的碳酸气是植物枝叶中纤维的来源，要植物生长茂盛，必须充分地能吸收碳酸气。大多数植物吸收碳酸气最相宜的温度，是在摄氏十五度至三十度之间。马铃薯、番茄最相宜的温度是摄氏二十度，豆科植物最相宜的温度是三十度。人类最需要的五谷，当平均温度低到摄氏十度以下，就不能生长。椰子树不能生长于平均温度二十度以下的地方。从草木的分布，就可以看到温度影响之大。单以浙江省而论，温州以北无榕树，嘉湖以北无樟树。从京杭国道上，我们可以看出来从南京到溧阳很少竹子，一过宜兴漫山遍野尽是竹林了。荔枝、龙眼只限于福建、两广。茶叶橘子不过秦岭。热带的植物大多数不能经霜，这种明显的例子，统可以表现温度如何严格地限制着草木之分布。

雨泽对于草木五谷之重要，我们可以从古代文人的诗句里看出来。如唐高适诗："圣代即今多雨露"，即是一例。到如今济南、北平旧式家庭的大门上，尚家家户户写着"天钱雨至，地宝云生"的门联。这种诗句对联是在华北干燥地方应有之现象。在非洲阿比西尼亚每逢雨季初临的时候，还有盛大敬神的典礼。印度一年中收获的好坏，要看季风的强弱和所带雨量的多寡来断定。中国连年以来，总有几处地方闹着旱灾或水灾，雨量之于五谷的重要，可以不言而喻了。沙漠之所以不能生长植物，全是因为雨量稀少的关系。凡是一年中雨量在一百毫米以下，统是沙漠不毛之地。我国西北的酒泉、包头等地方，一年雨量在一百毫米至两百毫米之间，可称半沙漠地带。

动物因为能移动，所以比较植物有选择气候的能力，但是动物和气候之关系，仍是极为密切。就我们所用的牲口而论，热带森林里用象，沙漠用骆驼，水田用水牛，温带用骡马，寒带用驯鹿和狗，这完全是为了适应环境。

候鸟如燕子、黄莺、布谷，来去季候的迟早，完全要看天气的寒暖。两栖类如青蛙以及蛇类在温带里，一到冬季就蛰处静伏，等春季开始蠢蠢欲动。到了夏季就又横行各处了。昆虫种类繁多，生殖迅速，和气候的关系最容易看出。昆虫对于温度高低感觉的灵敏，从蚂蚁和蟋蟀就可知之。蚂蚁行动的快慢，和蟋蟀鸣声的缓急，视温度的高下而定。有人试验过不用温度表，单从蚂蚁、蟋蟀的动作，可以测量气温，精密程度可到华氏一度。

一般农夫均以大雪为丰年之预兆，这多半是因为大雪之后，必继之以大冷，而很低的气温足以杀死蛰伏田中的害虫。但是雪的本身，因为是一个不良导体，反足以保护地下热的发散，所以有人以为大雪能杀害虫是不合理的。温度若很高，也可以致虫的死命，蝴蝶热至摄氏四十二度则死，蝗虫热至四十八度则死。其他若干害虫如蝗虫和松花虫，统繁殖于干燥的季候，因为土地干燥，则所下之蛋易于生长。然尚有其他昆虫类如蚊子等，则天气潮湿反能繁殖。特殊的气候，如大雪、雨、雹统可使动物受很大的影响。去年冬天蒙古大雪，牛羊冻死成千累万。民国三年八月，泰山下雹，平地积至两三尺之厚，时在黄昏以后，把山上的鸟类几乎全数打死，数年之内，泰山上鸦雀无声。

高山的气候因空气稀薄，使动物血液中红血球特别增多。山上动物初下山的时候，要比山下同类动物来得骁勇。南美洲诸国有一个风俗，凡是跑马的时候，初从安提斯山下来的马不准加入，必得在山下住一个相当时期，始准比赛。山国居民，特别强悍，大抵亦是这个理由。

徐霞客之时代

徐霞客，名宏祖，江苏江阴人，生于明万历十四年，卒于明崇祯十四年（1586—1641），本年适为其逝世三百年周期。昔潘次耕序《徐霞客游记》，谓霞客之游"途穷不忧，行误不悔，暝则寝树石之间，饥则啖草木之实，不避风雨，不惮虎狼，不计程期，不求伴侣，以性灵游，以躯命游，亘古以来，一人而已"。寥寥数语，而霞客之为千古奇人，已跃然纸上矣。吾人缅怀先哲，为之作纪念也固宜。浙江大学自抗战以来，屡经播迁。由武林而一迁建德，二迁庐陵，三迁庆远，四迁遵义与湄潭。是数地者，除遵义外，皆为霞客游踪之所至（霞客曾至平越，而湄潭原属于平越州）。且浙大由浙而赣、而湘、而桂、而黔，所取途径，初与霞客无二致，故《霞客游记》不啻为抗战四年来浙大之迁校指南，此则浙大之所以特为霞客作三百周年逝世纪念，更另有一番意义也。

我国古代亦不乏游迹遐方之士，如张博望使匈奴，班定远征西域，此以立功而成不朽者也。晋法显、唐玄奘之去天竺求"梵典"，此以立言而成不朽者也。若霞客者，既非如李文斯敦之宣传宗教于异域，亦非如哥伦布之搜求瑰宝于重洋，霞客之游，所谓无所为而为。人徒知其游踪之广，行旅之艰，记录之详确，见地之新颖，而不知其志洁行芳为弥足珍贵也。霞客之欲作西南游，蓄志已久，徒以老母在堂，守古人"父母在，不远游"之训。《游记》云"余志在蜀之峨嵋，粤之桂林，及太华恒岳诸山，若罗浮恒岳次也，……然蜀广关中，母老道远，未能卒游"云云。及至崇祯九年，霞客为万里遐征时，年逾知命，已老至不能待矣。以此知霞客之孝于其母。霞客西南之游，同行者静闻僧与顾仆。不幸静闻在湘遇盗受伤，卒于南宁途次，遗嘱欲窆骨云南鸡足山下。霞客为迁道二千余里，几经危难，与顾仆分肩行李，经一年余之时间，有志竟成，卒瘗静闻骨于鸡足山下，以此知霞客之忠于友人。抵鸡足山后，顾仆乘机启霞客所有箱箧，席卷而去，寺僧欲往追，霞客止之，谓"追或不及，及亦不能强之必来，听其去而已矣。但离乡三载，一主一仆，形影相依，一旦弃余于万里之外，何其忍也"云云，以此知霞客待人接物之宽恕也。霞客在途，常患绝粮，但非义之财，一毫不苟。如崇祯元年，徒步三千里访黄石斋于漳浦，当局假以旅资，拒弗纳，以此知霞客操守之谨严也。但霞客不但具有中国古代之旧道德，而亦有西洋近世科学之新精神。陈木叔《霞客墓志铭》谓"霞客常云，'昔人志星官舆地，多以承袭附会，即江河二经，山脉三条，自记载来，俱囿于中国一方，未测浩衍。'遂欲为昆仑海外之游"。近人丁文江遂谓："霞客此种求知精神，乃近百年来欧美人之特色，而不谓先生已得之于二百八十年前。故凡论先生者，或仅爱其文章，或徒惊其游迹，皆非真知先生者也。"旨哉言乎。

　　霞客生当明之季世，何以能独具中西文化之所长？欲探求其理，则不得不审察霞客之时代。明自嘉靖万历以来，国势日蹙，不特倭寇屡扰海滨，强胡虎视漠北，即庙堂之上，宵小如魏珰辈窃据高位，幸赖东林诸贤，本程朱之学，操履笃实，无论在野在朝，均能守正不阿。霞客故乡逼近东林之大本营，而东林巨子如高攀龙、孙慎行等对于霞客亦以青眼相待。故霞客受东林之熏陶也必深，而其忠孝仁恕如出天性，非偶然也。同时万历初年，意大利人耶稣会教士利玛窦来华，其人兼通舆地、天文、医药之学，一时士人如徐光启、李之藻辈亦乐与之游。无形中其影响且由教徒而传播至非教徒。明末著作如方以智之《通雅》《物理小识》，宋应星之《天工开物》，皆渲染有西洋科学之色彩者也。霞客足迹遍中国，

65

交游甚广，殆已受科学之洗礼，即其所谓"自记载来，俱囿于中国一方，未测浩衍"一语观之，已足以知霞客必已博览当时西洋人所翻译舆地诸书矣，故知霞客之有求知精神，非偶然也。

在欧洲当时与徐霞客并世者有培根（1561—1626），开普勒（1571—1630）与伽利略（1564—1642）。此三人者，皆近世科学之鼻祖也。同时欧洲人远渡重洋以经营殖民地于亚、非、美、澳四洲，亦发轫于十六七世纪之交。一五八〇年英国人所誉为海上英雄的德莱克方环游全球，劫夺西班牙及大洋洲各岛土人之金银珠玉满载而归。一五八六年即霞客诞生之年，英国人托马斯率帆船三艘，远航印度洋，归而组织东印度公司。不出百年，而孟加拉、孟买、玛德拉斯三省尽为东印度公司所辖治。东印度公司之巧取豪夺，吏势奸威，迄今读严又陵所译亚当·斯密《原富》一书，尚可见其概略。

古人云，为富不仁。纵览十六七世纪欧洲探险家无一不唯利是图。其下焉者形同海盗，其上焉者亦无不思攘夺人之所有以为己有，而以土地人民之宗主权归诸其国君，是即今日之所谓帝国主义也。欲求如霞客之以求知而探险者，在欧洲并世盖无人焉。是则吾人今日之所以纪念霞客，亦正以其求知精神之能长留于宇宙而称不朽也。

气象浅说

一、大气的温度

　　诸位听众：我此次演讲题目是"气象浅说"，分为四次讲演，今天是第一讲，关于大气的温度。天气这个题目，是人们天天所谈到的，照理想应该天气知识是很普遍，但实际很少人能了解它。我们把天气分析起来，最重要的两件事：一是晴雨，一是寒温，而其中寒温从一般人观察，似乎更值得注意。常听人说今年的春天，比往常来得凉爽，恐怕夏天一定要比往年为热了。从普通见解，好像冷热就可以代表天气的一切。天气的所以忽冷忽热，看起来似乎简单，但细辨其理倒是极为复杂，值得作一番解说。大气温度，就是说空气的冷或热，一般人总以为由于太阳光。太阳光强可使空气热，若是太阳光弱或是没有太阳就可使空气冷。从气象学上看来，此种观念是似是而非的，因为太阳光本身不能使空气热。诸位听无线电，知道无线电是一种波浪，一种磁电的波浪，太阳光也是一种磁电波浪。同为波浪，可作比较。两种波浪不同的地方，是在波浪的长短和波长的纯粹与复杂。普通无线电波长自几公尺起至万公尺以上，太阳光波则甚短，不及一公尺百万分之一（一公尺一百万分之一称之为微）。无线电所发波浪的长短是很一致的，譬如中央广播电台的播音是四百五十公尺，所发的电波，虽略有参差，但多在此波长左右。太阳也是一座广播电台，可是所发的波浪长短不一，自三四个微到十分之一微。无线电台所发的波浪，在收报机收到以后，就变成了声音，太阳所发的波浪到了地球和旁的行星上面就成了热，太阳系中八大行星和小行星、卫星等，都是太阳的收报机。无线电收报机必须配好波长始能收音，所以收音机有长波及短波之区别。太阳光的收报机也须得配合波长，然后始能得热。太阳光经过空气，空气虽可以接收，但是因波长不合，不能受热；到了地面上，大陆的岩石和海洋的水面，因为波长配好，结果阳光一到，大地回春，就变了热。大陆和海洋受了阳光以后，自身也成了一座发报机，再广播出来。普通温度愈高，广播的波长愈短，地面温度较太阳低，所以辐射的光波较长，从一微至七十微。空气中的水汽好像一座长波收报机，对于太阳的短波是无法接收，但对于地面的长波是能接收的。空中水汽吸收地面的辐射，方能使温度增高，所以空气温度的热源是直接来自地面，而非来自太阳。

我们知道了空气温度增高的原因，才能解释大气中温度的分配。凡是距离地面愈高，则温度愈低。上层空气寒冷的概念，中国从前诗人已经知道，苏东坡中秋月词句有"我欲乘风归去，又恐琼楼玉宇，高处不胜寒"。这种揣度，或由于盛夏时见高山积雪，如四川大雪山，山顶积雪，终年不消，因而诗人兴起琼楼玉宇之想象。近来各处人士在夏季上庐山、鸡公山、莫干山登高避暑，更足以证明高空之寒冷。普通升高一千公尺，温度低降摄氏五度或六度，这种事实，经气球和飞机的探测已可无疑问了。温度向上递减，以寻常观念想象，似是值得惊奇的一桩事，因为距离地面愈高，愈接近太阳，而上层空气温度反而减低，岂不与意料之中相反吗。关于这一点，我们只要知道空气温度不是直接受太阳的影响，而是直接受地面辐射的影响，这一个疑问便可迎刃而解。空气所得的热，全靠地面所给的辐射，这辐射为空中水汽所吸收，再传输给空气旁的部分。空气离地面愈远，所受到地面的辐射量愈少，所以温度亦愈低。地面在日中，一方接受太阳光，一方发散辐射，若是所受到的太阳光比辐射多，地面温度就渐渐增高，它所发散的辐射热也渐渐加多，而附近地面空气的温度也随之而高。到日落西山后，地面只有辐射而无受热，这时热量已是出超，温度降低，辐射也减少，附近地面空气温度亦因此降下。此种日热夜凉的现象，只限于附近地面一两千公尺的空气有之；再向上面的空气温度就是日夜完全相等，山顶和高原因为受地面的影响，这又当作别论。

假使我们乘了气球上升天空，便知道空气向上加冷，是有止境的。到了一定限度，就是同温层，温度向上递减的现象即就停止。同温层的高度，各处不同，冬夏也不同。在南京夏季同温层在十六公里，冬季不过十二三公里；在赤道上平均离地面十八公里，至两极不过七八公里。同温层高度愈高，温度愈低。因此发现世界上最冷的空气，乃在全球温度最高的地方，就是在赤道上。在同一地方，最冷的空气，要到最热的时候才能发现。在夏季，南京高空温度由气球上升测得在摄氏零下七十八度，是一年中最冷的气温。

这种现象，是由于对流所造成的。所谓对流，就是空中冷空气因沉重而向下降，热空气因轻浮而向上升所造成的流动。凡是物质，热轻而冷重。空气的炎热是由于受了地面辐射，所以加热是从地面起。譬如水锅煮水，火在锅底，面部冷水向下沉，锅底热水向上升，接近地面空气也是如此。这对流力量所造成的空气层，就称作对流层。夏天和赤道上热力强，对流盛大，所以对流层也高，而冬季和两极热力弱，对流小，对流层也比较的低。

地面空气可分两层，接近地面的为对流层，对流层上就是同温层，这层温度差不多上下相等，因为这层内空气所受地面辐射和一天所损失的热量，适得平衡。同温层到了二十至二十五公里便止，更上则温度反而增加，这一点可由气球所带仪器之记录上推算出来。南京过去所放测空气球之记录在十八公里以上，温度统渐渐上升，旁处地方也有同样现象。据气象学家推算，到六十公里，空中温度又和地面相等。距地面五六十公里温度甚高，尚可用另一方法来证明。在一地放炮时，炮声可达二三十公里之遥，再远就听不见，但至七八十公里处，炮声又极清晰。这种特殊情形，在欧战时始逐渐证实。因声浪扩散途径，极受空气温度的影响，温度若向上减低，则声浪即向天空弯曲；但若向上增加，则声浪又折向地面。因此炮声在二十公里以下，就渐渐曲向天空，人们就不能听得，等到了三十至五十公里处，温度骤增，声浪又折回地面，所以离放炮地七十至八十公里处，又可听得炮声。离地面二十五公里以上温度之所以升高，是由于空中的臭氧，大多集中于二十五公里左右。这臭氧能吸收太阳光中的紫外光线，紫外光线虽在太阳光谱中不能算最重要，但太阳光的热力百分之四至百分之六就在二十五至五十公里高空为臭氧所吸收，此层空气温度因之加高。这层空气在同温层之上，名为臭氧层。

最后关于气温的分配尚有应加以解释的一点，就是空气最热时，不是在太阳或地面辐射最大的时候，最冷时亦不是在太阳或地面辐射最少的时候。譬如一天中太阳和地面辐射最大是在中午，而空气温度最高是在下午二三时左右。一年中太阳和地面辐射最少是在冬至，而最冷是在大寒，大寒离冬至相差一月之久。这是因为冷热是相比较的，只要空气中所吸收的热量比放射的热量多，温度仍是增进的。如房中火炉，初生时全炉皆红，在火炉本身此时最热，但因房中寒气未除，温度并不觉高。等到火炉将熄时，炉火（温度）已低，但房中温度反觉比初生火炉时为暖。这理由正和一天中温度最高不在中午是一样的。当午后二三时，日虽过午，空气所吸收的热量尚比放射量多，所以温度继续增进。一年中亦如此，冬至时日光辐射最少，过了冬至，地面所发散热量仍比吸收的少，故温度继续降低，俟大寒左右，吸收与发散足以相抵，气温始渐上升。

二、水汽的变化

空中的水汽除能吸收热力以外，还有一种能力为旁的气体所没有的，就是能变成流质或凝为固体。有时能化成很美丽的云霞，有时更能下倾盆的大雨，天冷时可在窗上结成花一般的霜，或则降下许多雪片使整个世界变成了琼楼玉宇。若是地球上没有水汽，便要永久大旱，不见云霓，动植物和人类均不能生存。

大气好像一座引擎，而太阳和水汽却是这引擎的原动力。太阳从海洋摄取水汽，腾入高空，变为云雾，下降成雨雪，流入江河，朝宗归海，这样循环不已。据地质学家观察，可以使高山削为平地，沧海变成桑田。这引擎的动作好像一座蒸汽机，看来很简单，但是有一点应该加以解释的，就是太阳如何能使海洋所蒸发的水汽腾空到数千公尺之高。当我们在锅内煮水的时候，水的温度渐渐增高，等到水沸以后，水只在锅内沸腾，温度就停在摄氏一百度，不再增高。锅内的水就慢慢地减少，蒸成云雾。此时所用热力并未消失，是用来拆散水分子间的结合力，而使成分为水汽。水汽凝结成水点时，则以前所费的热力，仍旧能恢复，这热力名为潜热。当太阳照到地面或洋面的时候，大陆或海洋把空气蒸热，此团空气因为比附近的空气温度高，便要浮起来，空气向上升则压力减少，体积膨胀起来。凡是气体膨胀，温度降低，反之，若受压缩则温度增加。譬如骑脚踏车的拿橡皮车胎来打气，车胎一定发热，这就是因为受压缩的缘故。若是车胎里的气泄出来，手触着了就觉得冷，也就是因为气体膨胀的缘故。依照气象学家的推算，干燥空气向上升，气温降低极快，每上升一千公尺，减低十度。上面讲过自然大气中温度的分布，每向上升一千公尺，温度减低六度。所以在地面受了热的干空气，若是上升膨胀而变冷，温度降低很快，不久就和四周空气一样热，就停止上升。潮湿空气可就不同了，一旦变冷，水汽就要凝结，潜热放出来可以使空气加热，干燥空气上升一千公尺减少十度，而潮湿空气因有放出来的潜热，只减少五六度，所以潮湿空气上升，往往一发不可复止，就升腾到很高的高度，成为云雾和雨露。一辆汽车所用的原动力是汽油，把汽油变成了气，能力就产生了；潮湿空气的原动力是水汽，把水汽凝成了水，能力也就产生了。

空中的水汽，还有一点是不守普通气体的规则的。读过化学的，知道有所谓道尔顿定律，说空中各类气体的存在是不受旁的气体的约束或是排挤。譬如一平方英尺地面上有一吨重的空气，里面有四百磅的氧和一千六百磅的氮。若是地面上没有氮，一平方英尺上的氧，还只是四百磅，反之若是地面上只有氧而无氮，则加氮以后每平方英尺上的氧还是四百磅，并不因此而减少。水汽可就不同了。水汽到了空中就能排挤旁的气体。水汽和空气的重量是六十四与一百之比，因此潮湿空气要比干燥空气来得轻。

空中吸收水汽有一定限量，达到了限量就不再吸收，这限量叫饱和点。空中能吸收水汽容量的多少，要看温度的高低和原来空中已有水汽之多少。在冰点的时候，一磅重的干空气可以吸收十六分之一英两的水汽；到华氏五十度，吸收量就加一倍；到七十度加两倍；到一百一十度就可达到一两了。夏天的时候，空中水汽量比冬天大得多。在南京夏天下雷雨，一两小时以内，能下一英寸的雨，这是常有的事。一英寸的雨水量就很可观，单以南京城而论，一英寸的雨，全城就有一百四十万吨，或是两千两百万担的水，这不是可惊的数目吗？

空中的水汽是无形无色的，一经凝结就变成了有形有色的云。云这东西变幻莫测，所以古人有白云苍狗之说。白居易在杭州万松林曾作了一首浣云诗："白云本无心，舒养能自洁，预落一鉴空，可浣不可涅，鸢飞鱼跃间，上下俱澄澈。"照现在眼光看起来，白云虽无心，但是白云当中每个微细的水点，非有一颗心核是不能凝结的。因空中水汽到了饱和点，必得凝结在一颗心核上。这心核在城邑中是细微的煤灰，在海面上是盐粒，在乡村中是花粉，就是空中的离子，也可当作心核。至于较大的沙粒，倒反不适于作心核，因它根本没有吸收水汽的能力。南京近五年来，人口增加了一倍，人烟多，煤气亦多，所以光只近三年来，南京微尘的数目就增进了一倍。城市中煤灰一多，水汽凝结在上面就成了雾，欧、美大城市之雾，是很大一个问题。譬如伦敦一年中九十多天有雾，雾重时数十码以外不辨人物，这可见心核对于云雾的重要。说白云本无心，其实白云不但有心，而且每一块白云有千万万颗的心。中国古代还有一种误解，以为云是浮在空中的，好像和气球一样，所以有浮云之称，像杜甫诗"天上浮云如白衣"。实际云点并不如气球一样，它较空气为重，一直在空中下降。云点极微小，每小时只能下降五十公尺。唯其下降这样迟缓，空中只要略有上升的气流，就把它顶住不得下来。民国二十三年的夏季这么大旱，空中仍是天天有云，这表示空中并非没有水汽，而是因云点过小，对流太强，不能下降成雨的缘故。

云雾的成因不外乎三种，一是因两种潮湿不同的空气混合起来，可以变成云雾，如长江口岸在春季三四月的时候从海洋上吹来的海洋气流，温度低而湿气重，一到大陆和原来气流相遇就可凝成云雾。二是温暖的空气，遇到了寒冷的地面或是海洋，如南京冬季早晨多雾，就是因为晚上地面辐射甚多，温度降低，空气遇到地面就达饱和点而成雾。在山谷中，晚上更容易成雾，因冷空气统从山腰山坡流到山谷中的缘故。在海洋上有寒流的部分，如大西洋纽芬兰岛附近更是以雾著名。三是因为空气吹向高山，向上升而膨胀，因此凝结成为云雾。凡是高山如庐山、黄山统是多云。四川地面较高，从太平洋吹向长江流域的空气，到了四川西部便凝成云，这是四川多云的缘故，因多云雾，少见日光，甚至有"蜀犬吠日"之谚。

三、雨雪和雷电

云为无数水点所组成，这许多云点之所以浮在空中，乃是因为它微小的缘故，云点平均直径不过一英寸的八万分之一，下降甚慢。云点在空中若是不慢慢地被蒸发掉，就有合并的可能，云点变大，下降就快，就可变成雨。在江浙一带梅雨时期所下的毛毛雨，雨点直径平均为一英寸八千分之一，下降速度每秒二英尺又四分之一；下雷雨时，雨点很大，直径可达一英寸十六分之一，下降速度可达每秒十七英尺。更大的雨点不能存在于空中，因为被风一吹，就有飞溅成几颗小雨点的趋势。

当水汽凝结的时候，若是空中温度已到了冰点就成雪。雪花是六角形的，古人有"雪花六出"之话，很有几位气象学家费了毕生之力，用显微镜来研究雪花，因雪花的结构是空中极玄妙的一个问题，世界所有雪花，虽都是六角形，但没有两片雪花是同样的。雪花照相在我国北方天冷的地方并不是很难的问题，把一块黑布，于下雪的时候放在天空里，用显微照相镜头就可照出来，诸位有暇的时候，很可以试一试。

《诗经》里有一句话叫"相彼雨雪，先集维霰"。有人以为霰是雪片下降时，中途溶解而凝成的，这是错误的见解。霰是雨点所结成，因其中有空气，所以作白色。雹和霰相似，但比霰为大，把一粒雹子切开，可以看到雹的内部分为好几层，最内部是一粒白色的冰，形状和霰一样，外面包以透明的冰，再外又有白色的冰，互相间隔的包围。从雹子的结构，我们可以知道其成功的步骤。当潮湿空气上升的时候，其中水汽就结为云点，扩大而为雨点。但若再向上升，到了零度以后，这雨点就变成了冰粒，重量一大就下降，遇到雨点就成为白色的冰，因为其中有空气的缘故。若再下降，温度就到了冰点以上，但雹子本身的温度在冰点以下，空中水汽遇到雹子上就结上一层透明的冰。倘若此时地面上升的对流势力强盛，就可以把这雹子推上去，到了温度在冰点以下的地方，再去结一层白色的冰，等到分量重大，又复下降再结一层透明的冰，如是往来数次，就可使雹子变成包心菜似的，可到鸡蛋那么大，对流势力再不能支持，便骤然下降。冰雹在中国西北部甘肃一带，是常有的，从民国二十一年至二十四年，兰州降了八次的雹，临洮降了九次，定西降了十次。甘肃雨量虽少，雹的次数颇多，往往酿成灾害。雹和霰的时季不同，霰多在冬季，雹则尽在春夏二季，当空中对流最盛的时候。

冰雹和雷雨是时常相辅而行的。因雷雨也是由于对流强盛而成的。地球好像是一座高压蓄电池，从天空继续有一千安培的电流流向地面，但是地面很大，所以每三十平方英里的面积上也不过能得五个毫安培的电，空气电阻力极大，若要通过五个毫安培的电流从一码高的地方到地面，就要一百伏特的电压，这是平常地面上的情形。没有云雾时，空中常有尘埃上下，即有电流流通，空中的电压不至于十分高，有雾时，空中离子多变为雾点，行动迟缓，电压便可增进到每码两千伏特。要下雷雨时，两块云中间的电压可以到一千万伏特，云与地面间的电压更可到几万万伏特。在这样大的电压之下，空气就能传电，可以破除空气之电阻而成电闪，以前所有的电压瞬息间即归消灭了。

这电闪为什么能发光有色，甚至于有时可以发生雷殛呢？上面讲过无论是无线电波、太阳光波，均是一种磁电波，不过是波长不同就是了。换言之，即是电子的震动次数不同。中央广播电台广播的时候，天线中的电子每秒钟要震动六十多万次；太阳的光波比较短，震动次数更多，像眼睛所看见的红色光线，电子震动每秒要到四百万万万次（4×10^{14}），蓝色光还要加一倍，唯其震动次数多，所以能发光。要使原子或分子发光，最妙方法莫如将一粒电子迅速地击射到原子或分子上，雷闪就是这样成功的。当空中电压极大的时候，忽然一粒电子射过，打在氧或氮的原子上，就将这原子打破，原子中的电子跑出来，又击射到了旁的氧或氮的原子上去，如此继续不绝地射击，就成了电闪。电子和原子击撞，发出极大的热力，使空气膨胀，结果发出声浪就是雷。平均电闪的长度是半英里，因为光行很速，电闪一刹那即过去。雷是声浪，其速率每秒不过一千零五十英尺，所以发生电闪的地方近，雷的声传来得快，电闪发生较远的地方，雷声传来得慢。雷声传递到吾人耳鼓既有先后之别，因此雷声比较能持续到相当时间，在山谷中又加上回音，雷声可以震动到半分钟之久。电闪不但能发光有色，而且也可广播无线电，我们接无线电时候，常可以听到有天电，很远地方的电闪，如南洋马尼拉或爪哇有雷雨，我们在南京的收音器也可以接到。

电光和雷声速度不同，电光的速度是每秒十八万六千英里，而雷声每秒只一千零五十英尺，光的速度要快得多。闪电发生以后，光可瞬息即达，几乎不需时间，而声浪则需相当的时间始可达到。我们要估计电闪离开我们的远近，就可以将电闪和雷声到达相距的时间来计算。假定电闪一到立刻雷响，这电闪就在我们住屋的四周。若是二者相距五秒钟，那电闪就在一英里以外，若相差十秒钟，就在两英里以外，以此类推。

许多人对于电闪毕生存着一种恐怖的心理，其实坐汽车要比在雷雨中危险得多。美国一年中汽车撞死的有一万多人，但被雷打死的不过一百多人。可是我们坐上汽车毫不觉危险，在雷声隆隆中总觉有岌岌可危的恐怖，这完全由于心理上作用。遭雷殛毙，报上亦常可见到。据英国自民国十年到民国二十二年的统计，每年在英伦三岛上遭雷殛的，平均十人，九男一女，这并不是雷公特别爱护女人，实是男子在户外的多，尤其是在雨天比女子多的缘故。在民国二十三年上海各报所载被雷击毙的人有十五人，其中男十女五，室内者两人，室外者十三人。普通尤以农民为多，因中国女子亦常在田间工作，所以女子被雷殛的数目就比英国为大。

雷雨时候最危险是在大树下避雨，因雷雨时空中电压极高，空中如有导体，雷便乘隙而下。如金银铜铁都是善良的导体，电流经过善良的导体可以不发热，三分之一英寸直径的铜丝，可以传导任何大力的电而不发热，所以房子上安装避雷针就用铜丝，使高量的电可以由铜丝传到地面去。树木是个不良导体，电若由树的中心下降，便把树木烧焦或是破坏，若是由树的外部下来，它周围的东西都可以触电。在平旷的田野，一个牧童骑在牛背上，亦是一个很好的导电目标。凡遇雷雨最好的办法是留在屋内，虽是在屋内的人也有被雷殛的，但机会要比户外少得多。在屋内须关窗户，一把洋刀在桌上，就可把户外的电闪由所开的窗户引入屋内。无线电收音器切莫忘记了装一根地线，深入地内潮湿的地方，不然很可能作闪电的导火线，在户外有雷雨的时候，收音器以不用为是。很高的房子或是在高山顶上的建筑，是电闪很好的目标，应该装有避雷针。英国各地近来被雷击的人慢慢地减少，从一八九七年至一九〇七每年尚有十八人，而近年不过十人，这是教育的普及和装避雷针的效力。

雷雨既是对流成功的，热天对流极盛，所以一年中以四月到九月为雷雨时期。江浙一带尤以七八月为最多，平均每年有二十个至三十个。广东二三月间亦有雷雨，每年达四十个。北方因为温度较低，所以雷雨也较少。

四、天空的颜色和天气的预告

从雷雨我们就想到美丽的虹，《诗经》里说："蝃蝀在东，崇朝其雨"，意思就说若东方见虹，立刻就要下雨。实际我们见到虹的时候，天空中已在下雨，因为虹是由于太阳光照射到雨点上，由雨点反射到我们的眼帘而成的。黄昏的时候，日落西山，我们向东看，对了雨点，就见虹，这雨点或是离开我们不过几十码之遥，或许在几里以外。太阳光经过雨点，各色光波就因折光而分散，所以虹的颜色，便成了五色缤纷。虹作弧形，红色在外，向内有橙、黄、绿、紫等色。弧的直径普通是四十一度，我们若是由太阳经我们的视点到地平线下作一根直线，这虹的圆心就在这引长的线上，虹的中心在地平下，所以普通的我们所看到的不过一个小半圆。虹的颜色，捉摸不定，时常更变，由于空中雨点大小，常有更变。雨点直径若是在一英寸的二十五之一即是一毫米以上，那红、黄、蓝、绿各色俱备，雨点直径在一毫米以下，就不见红色，若在十分之一毫米，则虹即无光彩而作白色了。

在峨眉山上，时常可以见到一般善男信女所称之佛光，这佛光不是别的，就是虹。早上或傍晚，太阳离开地平线还不远的时候，我们若是背着太阳，前面见到云或雨，就可以发现佛光。普通的虹，只能见到一个小半圈，在山顶上，立足点既高，整个圆圈都显露出来。雨点大就有红、黄、蓝、绿诸色，雨点小仅有白色的圈。圈的中间发现一个庞大的佛首，这佛首不是别的，那是立在山上人们头部的影子。无怪乎迷信的人，就以为如来佛现身了。在德国的布罗肯山上，常发现这佛光，所以这现象的名称是"山妖"。南京气象研究所，曾于民国二十二年至二十三年在峨眉山设了气象台，一年中发现佛光至七十余次之多。凡是高山如泰山、庐山、黄山统可以见到佛光的。

和虹相类的现象在天空中还有晕。虹是由于雨点成功，而晕是由于云点成功的。晕有大小两种，小的半径不过五度至十度，而大的半径为二十二度或四十六度，都以太阳或月亮为中心。量晕的直径，有一个简单的方法。若将臂膀伸直，手上拿一根线或绳，吊上一粒石子，将线旋转，使石旋成圆形。若是绳的长是九英寸半，这石子所绕的圈投射到天空，便是和二十二度的晕一样大小；若是绳子的长是二十五英寸，这石子所绕的圈是和四十六度的晕一样大小。这两种大的晕是由于高云所成，云中的水点已结成冰。小的晕又名光环，是低云所成。古人有"月晕而风"之语，晕无论大小，都是风暴将临

84

的预兆。太阳旁的晕，不但比月晕为多，而且颜色亦更美丽，不过因阳光刺目，普通人不注意就罢了。晕也有红、黄、青、绿各色，大的晕青色在外，红色在内，小的晕则相反。

天空的颜色，可以一个简单成语概括起来，就是"青天白日满地红"。但为什么天是青的，太阳是白的，向晚或是黎明的时候满地见红光呢？太阳光各色俱备，因此发白，这是容易解释的。但天为什么作青色？吃纸烟的人，晓得将纸烟点着烧起来，有一缕烟冉冉上升，这时候烟作蓝色的，等到把烟吸进嘴里，重又喷出，便作白色了。原因是烟里面尘埃非常细小，空中光线蓝色光波最短，最容易被尘埃反射，未经吸过的烟，颗粒既小，只能反射蓝光，所以作蓝色。等到烟经口鼻再喷出来的时候，加上水汽，成了雾点，颗粒已大，各种光波都被反射，便成白色了。天空之所以青也是同一原因。到了天边和地平接近的地方，沙尘充斥，天就作鱼白色，和天顶的蔚蓝色迥不相同。黎明旭日东升的时候，或是傍晚日落西山的时候，太阳总作红色，照到天边的云霞，也作灿烂之色，这是因为青、黄诸色光线，都被空中尘埃所反射，只留了红光能射到我们眼帘的缘故。

记得《列子》里边有一段糟蹋孔夫子的话，说到两个小儿相争论，要请孔子去解决，一个说太阳日中热，早晚凉，所以太阳日中比早晚近。一个说太阳看起来早晚大，日中小，所以早晚近而日中远。孔子就没法解决。这问题到近百年来才有圆满的答复。太阳、月亮在天边之所以比天顶之觉得大，完全是我们视官感觉上一种错误，因为天空的形象不是一个半圆形，而好像一个镜子俯伏于地上的样子，从观察者到天顶好像还没有到天边那样远。因为从立足点到天顶的半径好像短，而到天边的半径好像长，所比同一度数的弧在天边要比在天顶长，因此月亮和太阳在眼膜中，虽是天顶和天边应占同一弧度，可是在天边就觉比较大。这不但太阳和月亮是如此，凡各种物事都是在天边时比天顶同一距离时觉要大得多。

从日月云霞的颜色，往往可以预告未来的天气。宋范石湖诗"朝霞不出门，暮霞行千里"这句话，欧美不约而同也有的，英文叫"朝霞红时舟子愁，晚霞红时舟子喜"（Sky red in morning is a sailor's warning, sky red at night is the sailor's delight），这谣谚是很可靠的。为什么同一现象早晚得到不同的结果？从气象学上可以这样解释，在日中的时候，对流很盛，空中湿气易于凝结成云，到太阳落山的时候，若是空中湿气很重，云层一定很厚，不能见霞。晚上见霞，乃是空中湿气不多的表现，所以主晴。晚上地面因辐射而冷却，不应有对流，但能成雾，雾是不会有色彩的。若是早上有霞，那就表示晚间发生对流，是将下雨的征象了。

云的高低、方向和厚薄都可以为天气晴雨的预兆。在范石湖的《吴船录》内有"庐山戴帽，平地安灶。庐山紧腰，平地造桥"，这谚语是很准确的。凡山岭的区域，云的高度慢慢上升就是天晴的预兆，若是慢慢下降，就是将雨之兆。夏天中午以前，若是满天是如堡垒般很厚的积雨云，则当日下午即有雷雨。苏东坡诗"今日江头天色恶，炮车云起风暴作"，但大块白色的积云，若不十分浓厚，虽满布天空，亦不降雨。所以俗谚叫"楼梯天，晒破砖"，盖满天都是积云的时候，虽是一样高低，但看来总觉得近者高而远者低，形似楼梯，这是久晴的预兆。小块的高积云或卷积云，倒是将雨之兆，俗语说道："鱼鳞天，不雨也风颠。"又说："云气若鱼鳞，来朝风不轻。"因为高积云或卷积云往往是风暴的前驱者。云行之方向亦可觇风雨，俗谚有说："云行东，马车通；云行西，马溅泥。"这也是很灵验的。但以天的颜色和一处的风云来做预告的根据总嫌不足，要预告精确，必得多设气象台，各处用无线电联络起来，每天制图才能有效。

天气预报并不是气象台唯一的重要工作。气象台搜集各处雨量、温度、气压、风向等种种材料。黄河、扬子江口水位的高低，就要看各地雨量多寡而定。飞机场的所在地，一定要拣少雾的地方。飞机飞行的高低，要看空中风向和风速。军队放重炮要知道高空的温度。农业家种植作物如棉花、甘蔗之类，必先调查其地是否有霜，每年降雨多少，在于何时。甚至法院亦和气象有关，建筑房子的时候，业主和包工常因建筑完工后期而起诉讼，所以法院时常写信到气象研究所来调查各处下雨的日数。财政部盐务署从天津运盐到两湖的时候，有时发觉盐的斤两加重，于是就发生疑问，这水分是由空气里吸收的呢，还是由人暗中加入的，那就要调查沿路经过地方当日的湿度。这类的事不胜枚举，于此也可知气象和人生的关系是多方面的。

中秋月

中秋是一个很有诗意的佳节，同时也富有西洋人所谓罗曼蒂克，传奇性的味儿。我国历代的文人学士，每到中秋常要赋诗以度佳节。杭州在宋代繁盛甲于全国。当时的仕女们，每至阴历八月十三四直至十七八要到江边观潮，十五六要游西湖赏月，这是八百年以前的事了。现在我分作四段来说。

一、何日是中秋

南宋吴自牧著《梦粱录》有云："八月十五日中秋节，此日三秋恰半，谓之中秋，月色倍明。"从科学上看来，中秋可以有两个定义：天文学上以秋分到冬至为秋季，所以中秋应在立冬，即是阳历十一月五号或是六号。气象学上以阳历九月、十月、十一月为秋季，所以中秋应在阳历十月十五六左右。这两个日期，统和阴历八月半相距甚远。可是西洋天文学习惯上把春夏秋冬四季起自春分、夏至、秋分、冬至，实在不甚合理。倒不如中国天文学向例之以立春、立夏、立秋、立冬为起点合于逻辑。若用中国天文家的方法分四季，则中秋应在秋分，和阴历八月半相距不远。秋分是阳历九月二十三。去年八月半在秋分后六天，今年八月半在秋分前六天。下面将要讲到秋分前后月望时有一种可以特别留恋的地方，所以我很主张保留这个中秋节。

二、月到中秋分外明

吴自牧《梦粱录》说道：中秋之夕"月色倍明"。这完全是诗人文士的幻想了。这种幻想到目前报纸上还是到处可见。去年中秋节，在上海《大公报》的"大公园"副刊上，登载着一篇描写中秋月的文章，大意说："在我国各种岁令时节中，最富诗情画意的要算中秋节了。平常的月亮够美丽了，中秋夜的明月，尤其大而圆，集合温柔、神秘、明媚、幽艳之大成，……平日的月亮，上升很早，甚至黄昏时分已悬挂在空中；但是一年中，以中秋的月出来最迟，大约要八九点钟，才从天边露出娇容来，似乎在月宫中刻意打扮，精心装饰，然后才出来和人们相见。"这一段话，完全是传统文学家的口吻，与实际事情太不符合了。

月亮究竟亮到如何程度？要晓得这一点，我们要以地球上所能看到最明亮的东西即是太阳为准，作一个比较。太阳在天顶时，在每方英寸平面上有六十万支烛光的亮度，普通用的洋油灯每方英寸四支到八支烛光，洋蜡烛每方英寸三支到五支烛光。而月亮在天顶时，她的光度每方英寸只有一又三分之一烛光。月亮虽可普照半个地球，但在一定面积上光度甚小，所以我们在月光下看书是模糊不清的。月亮离开天顶愈远，她的光亦愈弱。这有两种原因在里面。第一，是太阳或是月亮离天顶愈远，则其离地平的角度愈小，而地面上每一单位平面所受到日月光的多少，是和离地平角度的正弦成正比的。第二，是在天顶时，日月光线经过地面空气的厚度来得少；到了天边时，日月光线要达地面，经过空气的层次要厚得多。假使在天顶时，月光到达地面所经空气厚度当作一，那么到月亮离开地平线三十度时，所经过的空气层就要两倍；到十度时，就要五倍半；到离地平线四度时，所经过空气层的厚度就要达十二倍半了。所经过空气层愈厚，被空气所吸收、反射的光线亦愈多，到达地面的月光自然愈少。而中秋的月亮，除非在热带中的地方，否则是绝不会到天顶的。

古人说："冬日可爱，夏日可畏。"最重要的原因，就是冬天太阳离地平线低而夏天高。相反的，月望时月亮离地平线的角度，是以冬至附近为最高，夏至附近为最低。满月最亮的时候，实是在冬至的前后，即阴历十一月十五日左右。"一年几见月当头"，这就是月当头的时候。今年中秋月的高度，即离地平线的角度为五十四度五十七分。而阴历十一月十五日，月的高度为八十七度四十五分。若是空气一样透明，则十一月月中的月亮一定比八月中的明亮。一年之中，每逢望日，在秋分前后，月的高度适中，夏至前后，其高度较低，冬至前后，其高度最大，这由于黄道与赤道成二十三度二十七分的角度。当月望时，月亮与太阳位置正相对称。太阳到冬至，高度最低的时候，正是月亮最高的时候。月亮的轨道古称白道，和黄道相交只有五度九分的角度，这个角度的差数甚小，可以增减月亮的高度，但不会变更上述的原则。即从气候上看来，我国各地在仲冬的时候也比在中秋前后来得明爽。以杭州为例，云量和湿度有下列的比较。根据民国十七年至二十二年的记录，杭州云量在阳历九月为百分六十九，十二月为百分六十五；民国二十三年至二十四年的记录，杭州绝对湿度，阳历九月为一六点八，十二月为八点九。总之，"月到中秋分外明"这句话，要改成"月到中冬分外明"，才比较合乎事实。

三、一年明月今宵多

这句诗也是指中秋月而言。但是实际若以明月照地上的时间来算，一年中仍以冬至前后的月望普照地面的时间为最久。好像以太阳论，夏至昼最长，冬至昼最短。满月正与此相反，冬至前后月照时间最长，夏至最短，中秋适介乎其间。大概中秋之夕从月出到月落不过十二小时，而如在北京的纬度，冬至月当头时，从月出到月落可到十五小时之久。

若以月亮之大小而论，肉眼是不可靠的。《列子》卷五有这样一段故事说："孔子东游，见两小儿辩斗。问其故。一儿曰：'我以日始出时去人近而日中时远也。'一儿曰：'我以日初出时远而日中时近也。'一儿曰：'日初出大如车盖，及日中时如盘盂，此不为远者小而近者大乎？'一儿曰：'日初出沧沧凉凉，及其日中如探汤，此不为近者热而远者凉乎？'孔子不能决也。"月亮离地球距离平均二十三万八千英里，月亮在天边时离地面要比在天顶时远四千英里。所以无疑的，月亮在天边要比天顶时稍小一点，直径可差六十分之一。但是眼睛看来，月初上时好像要大得多，这完全是一种错觉。天文学家对于这问题不比孔夫子高明，一向没有良好的答案。有人说在天边有房屋、山川、人物可资比较，所以见得其大，到了天顶，一轮明月，悬挂空中，反觉其小。这解答并不能满意。因为在海洋中，月出时水天相接，别无一物可资比较，亦看得大。到了近来，哈佛大学的生理学教授伯林研究这错觉，才知道与我们视觉神经有关。凡看物直看看得大，下看或上看看得小。假使一个人横卧在地上，就觉得天顶月亮大，天边月亮小了。至于八月十五的月亮是否比他月月望时大，可要看月亮绕地球在近地点，还是在远地点。月亮离地心，顶远可到二十五万七千英里，顶近不过二十二万一千英里，大约为十九与十七之比。每二十七又百分之五十五天为一周期。1948 年中秋节，月亮适在远地点左右，所以中秋的月亮，只会看得小，不会看得大。除非特别钟情于中秋月的人，那么所谓"情人眼里出西施"，又作别论了。

四、中秋月何以特别受人注意

照上面讲来，中秋月既非分外光明，也非特别圆大，又不照临长久，那为什么受我国千余年的顶礼崇拜呢？而且，怀念留恋中秋月的，也不只是中国人，即使西洋人也特别看重中秋月，名之为"收获月"。这其中自有一个道理。去年中秋"大公园"的文里说:"中秋月出时姗姗来迟,有装模作态的样子。"这不免把中秋月看得贵族化了。实际中秋月是最平民化的,无论贵贱贫富雅俗均可共赏中秋月。中秋月的特点不在其出山迟,却相反的是因为中秋以后的月亮出来特别早。

假使我们把今年杭州(北纬三十度)中秋前后数天月亮出山的时间和正月十五即上元节前后数天月出的时间来比较一下,就可看出中秋月的特点了。

民国 37 年杭州上元节和中秋节月出时间表(地方时)

下　　午	下　　午
正月十五:五点五十分	八月十五:五点五十四分
正月十六:七点正	八月十六:六点二十分
正月十七:八点零八分	八月十七:六点四十七分
正月十八:九点十三分	八月十八:七点十三分

(注:依天文历 1948 年阴历正月和八月,月望统不在十五而在十六。)

从上表可以看出来,上元前后晚间月亮出来,每晚相隔时间要在一小时以上;而中秋前后月亮出来,每日相差只消二十六七分钟,从中秋到八月十八这四天,夜夜月上来统离黄昏不远,这是中秋月和旁的月望时不同的一点,也是中秋月优越的一点。中秋月有这个特点的原因,可以这样解释。在温带里边日月行到春分点时,黄道和地平相交的角度最小，而日月的赤纬天天在增加，所以日月出来每天要提早。在春分时候，每天旭日东升要比前一天早半分钟。到中秋时月亮走近春分点，所以月亮出来的时间要天天提早。一年中平均而论，月圆以后月亮出来每日比较要延迟五十分三十二秒钟。但是中秋前后，只消延迟二十六七分就行了。中秋时节正值农民开始收获的时候。这时昼渐短而夜渐长，将近黄昏而有了月亮，可以帮助农民延长在田间多做几十分钟的工作。这对于民生不无裨益。所以西洋人称中秋月为收获月。我们的民族向来以农立国，四时伏节如惊蛰、清明、谷雨、芒种，统和农民有关。中秋月之所以被崇拜着留恋着，想来和农民的收获有关。既没有传奇式的什么神秘，也没有诗人所想象千呼万唤不出来，娇滴滴贵妇人那么娇态，而是有一个极平民化的来源：就是帮助农民在黄昏时候做点手胼足胝的工作。所以中秋月是值得我们留恋的，而中秋节也是值得保存的。

科学对于物质文明的三大贡献

二十世纪的文化为科学的文化。依据世界学者的意见，如威尔斯、罗素和佛海，统说中国的文化，如美术，文学，同哲学，均不弱于外国，中国人个人的智能，也和外国人相伯仲。佛海而且说"世界上各国的文化的悠远和广大，没有一国赶得上中国"。照这样看起来，中国的文化，应该在世界上首屈一指。然而中国，何以近来各项物质文明会一点都没有进展，和西洋各国比较，就觉得相形见绌呢！推考其原因，就是因为科学没有发达。

欧洲近代科学的发达，开始在十六世纪，所以近世西洋科学的发达，也不过近三百年的事情。英国的牛顿，意大利的伽利略，他们两位可说是近代科学的鼻祖。牛顿是在一六四二年生的，伽利略是在一六四二年死的，西历一六四二年是近代科学史上极可纪念的一年。西历一六四二年在中国历史上，是明朝崇祯十五年，即清朝入关前两年，在中国历史算是很近来的一桩事了。但是讲到科学的应用，到近百年来暂发达的，像轮船、火车、电报，是近一百年的事情，电灯、电话是近五十年来的事情，飞机、汽车、无线电是近二十五年的事情，所以中国物质文明比不上人家，也不过在近三百年而已。但我们要晓得科学并不是欧美所特有的，科学是属于全世界的，我们只要用脑力，费时间去研究它，科学自然而然地会进步的。

科学对于世界上物质文明的贡献很多，最重要的有下列的三项：（一）延长寿命；（二）便利交通；（三）增加财富。

一、延长寿命

延长寿命是一般人的极大希望，所以"福禄寿""长命富贵""万岁"，统是祝颂的话，"百龄机"就是利用它来做广告的。然而人生百岁并不是一个昙花的幻梦，只要科学发达的时候，可能办到的。我们只要看一看过去的成绩，就可预料将来的状况。据近四百年来的统计，欧美人民平均寿命，延长得不少。如欧洲瑞士日内瓦人的平均寿命，在十六世纪为二十一岁，到十七世纪加至二十六岁，十八世纪时加至三十四岁。在美国麻省，十八世纪末叶平均寿命为三十五岁，十九世纪末叶加至四十五岁。到近来，民国十年，已经达到五十八岁。可知欧美各国人民的寿命，不但近四百年逐渐增长，而且愈到近来，寿命增加的速度也愈快，和科学的进步成一个正比例。从十六世纪到十七世纪只增加五岁，十七世纪到十八世纪增加八岁，从十八世纪至十九世纪增加十一岁，到近来三十年中增加了十三岁。据美国伊芙林·费雪的推想，到西历二○○○年美国人民的平均寿命可至八十二岁，至二一○○年，可达九十四岁。这并不是毫无根据的猜想，乃是依据学理上的预期。拜佛、念经，以求长生不老，乃是缘木求鱼，要求长寿的唯一途径，只是讲究卫生与医术。

在中国，人民平均寿命尚无确切的统计，照上海同济大学的推算，说中国中上等家庭生下的子女只有三分之二，能够长成到二十岁。又照北平英国医院，对四千六百人的调查，说中国工人的子女，只有百分之四十九至五十能够活到二十岁。但在英国人口四分之三可以活到四十岁，全人口二分之一，可以活到六十五岁，全人口四分之一可以活到七十五岁，可见得我国人民寿命的延长，前途正是无量。只要科学昌明，卫生讲究，不但天花、霍乱可以消灭，就是伤寒、白喉、猩红热也可以绝迹。从前一般人相信阎罗王能操纵人的寿命，现在我们晓得操纵生命的就是我们自己。比格斯说得好，"在一定限度之下，一个城邑里的死亡率，是可以用卫生工程的好坏来定的"。

二、便利交通

我国自从有历史以达近五十年来，交通的进步，非常的迟缓。我们读《孟子》"速于置邮而传命"这一句，就知道当时邮便已算迅速了，递信的方法，不外乎用捷足和驿马，可见从孟子到了前清咸、同的时候，两千多年递信的速率并没有增快多少。就在欧美也是到了十九世纪，火车、轮船、电报发明以后，交通的速度方始改进的，这不能不归功于科学。前几天接到西北科学调查团从甘肃肃州寄来七月二十五日发出的一封信，统计路上走了三十八天才始收到，肃州和南京相距不过三千五百里，照火车速度两天就可到，若用飞机半天就可到，若用无线电立刻就可收到了。现今轻便的信件，尚需三十八天，至于笨重货物的运输，更要耗费时间。甘肃、陕西几省，闹灾荒是司空见惯，去年不是又大旱吗？当光绪三年至四年的时候，陕西、山西、河南、山东、直隶大旱，灾荒的中心，面积有十万方英里之广，收成一点没有，当时消息传到各处，从各方把粮食运到天津，因为内地道路不良，运输不便，结果等粮食到达内地时，一般人多饿死，粮食大半损坏。据当时赈灾会之估计，饿死者共九百万到一千三百万人。诸君试想九百万是一个极大的数目，民国三年至七年欧洲大战，在前线死的兵士，两方总算起来，也不过一千三百万。光绪初年北方五省旱灾，死人的数目与此相仿。可见得中国这样人口密而灾荒多的地方，交通的便利是不容缓图的事情了。中国现在只有七千五百英里长的铁道，照美国人贝克的计算，在这七千五百英里铁道上，一年中运输的货物，若是雇苦力来搬，就要用到两千五百万工人。美国的铁道有二十六万英里，若是美国一年中火车所运的物件，也用人工来搬，那么就要十二万万苦力，换句话，就要中国人口的三倍，一年做三百六十五天，方始足够呢。

三、增加财富

应用科学的发达，在世界上要算美国了，现在把美国和我国工人的工资，同收入比较一下子，就晓得相差的悬殊了。据华洋义赈会的调查，在直隶、山东、安徽、江苏、浙江五省，普通农夫和工人，一年内每家的进款不达五十元的，在北方要占百分之六十，在长江流域也要占百分之十八，可见普通人家收入之少。又照北京经济讨论处在山西省的调查，每人每月的工资不过两元至七元，平均每年只五十四元，较诸美国在民国十四年人民平均工资每年一千二百八十美金，美国工人的收入，要比中国高二十四倍，若将美金变成中国钱，则相差更大，要到八十倍以上。这收入相差的原因，就是美国是用机械工作的，而我们是用手工工作的。据安立德说，美国平均每人有二十五架至三十架机器为他们工作，但是中国每人还分不到一架，只有一架的四分之三。譬如在农业上一部机器，可使一个农夫管理三四百亩，绰有余裕，若在中国用老法，一个人管十亩田都是很忙碌的。此外凡是开发富源的事业，如同开矿、纺织以及各种制造，统是要靠机器的。利用机器就要应用科学。

说台风

一、台风的定义

台风是一种热带旋风。凡是两种不同方向的气流或是流水遇到一起，便会成功旋流。旋流转动的方向，可以作顺钟向转，如图一甲，也可作逆钟向转，如图一乙。前者称为顺转，后者称为逆转。在台风范围以内，风向是逆转的。因为旋转的力量，就发生离心力。好像江河中的涡流，旋转便会使涡流中

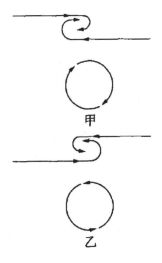

图一　甲、顺转旋流
　　　　乙、逆转旋流

103

心的水凹下去，即涡心要比四边低一点。同样地，空气中的旋流，因为转动的关系，也会使中心气压降低。台风也是一种低气压。它的范围比起江河中的涡流，或是马路上能见到的旋风要大得多。江河中的涡流普通直径不过是几尺到几丈。台风的直径在热带内可自一百六十公里到三百二十公里，走到温带里还可以扩充到一千公里，和普通温带里的风暴一样庞大。

二、台风的成因

台风如何会成功的呢？原来地球上赤道附近受到阳光最烈，所以一年中的平均温度也是以赤道附近为最高。空气热了就会向上升腾，南温带和北温带里的空气就会有向赤道奔腾的趋势，使地面上赤道以北热带内多北风，赤道以南热带内多南风。但是因为地球自转每天自西向东一周，这地球的自转使风的方向发生转变，在北半球风向有偏向右的趋势，在南半球有偏向左的趋势。这称为地球自转的偏向力。简单地可以用图二来说明。图上北是代表北极。地球

图二 地球自转对于风的偏向力

是自西向东转动。在图上甲地方发南风，空气向一定方向吹去，吹到乙地方，这南风已经变成西南风了。又如在丙地方吹的是北风，这空气循了一定方向吹去，可是由于地球的自转，吹到丁地方，便成为东北风了。所以说，在北半球风在空中吹久了，有向右偏的趋势。同样地也可说明，在南半球地球自转，有使风转向左的趋势。

说明了地球偏向力以后，我们再来讲地球上的风带。上面已经说过，地球上赤道两边的风统统向赤道附近区域吹来。照理在赤道以北在北热带内应该是北风，在赤道以南在南热带内应该是南风。但为了地球自转发生偏向力的关系，北热带内风向是东北，称之为东北信风或贸易风，南热带内风向是东南，称之为东南信风或贸易风（如图三）。而因为冬夏春秋四季的变动，地球各处上的太阳在天空位置的高低既有不同，风带亦随之而有移动。北半球夏季的太

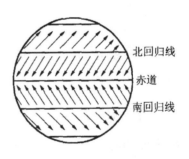

图三　地球上的风带

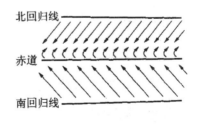

图四　北半球夏季热带之风向

阳走向北，风带亦随之而移向北。而南半球的东南信风，一经跨过赤道，便慢慢地有转向右边的趋势，不久便会变成西南信风，如图四所示。这西南信风和北半球原有的东北信风相遇到了，正是针锋相对，便会发生旋流。若是四周的环境适合，就会在太平洋中发生台风了。台风在大西洋中称"Hurricane"，在印度洋中称"Cyclone"。

三、台风四周和气压的分布

台风既是涡动，它的中心气压最低，风就环绕这低气压的中心而旋转，如图五。越到中心，风力越大。空气环绕着中心愈强，发生的离心力亦愈大。气压有时可以低到700毫米以下（海平面气压平均为760毫米）。世界上所有海平面上的最低气压、最大风力和最密暴雨，统是在台风中造成功的。台风四周风向的分布，使空气旋转不已，其中心的低气压便不容易消灭，而且有时使之程度加深，范围扩大。若是我们在台风附近以背向风而立，则台风中心便在我们的左手边。若从我们立足点到台风中心划一直线，这线与风向将呈120度到135度的角度，如图五。

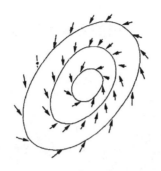

图五　旋风附近风之分布

四、台风向前的行动

除掉台风四周的流动以外，台风本身也在向前行走，好比江河中的涡流，除掉涡流内的水沸腾似的旋转着以外，涡流也正在随着江河滚滚而下。涡流随着江水的流动，所以向下。台风随着空气的流动，所以在热带走向西，在温带走向东。它前进的速度也是随空气流行的速度而定，在低纬时走得慢，到纬度较高的地方就要迅速得多。在北纬五度至十度时，台风前行的速度不过每小时五公里至十公里；到北纬二十度时，就可增加到每小时二十公里；到温带内速度来得更快，和普通温带风暴的前进速度就差不多了。

107

五、台风的发源地和路径

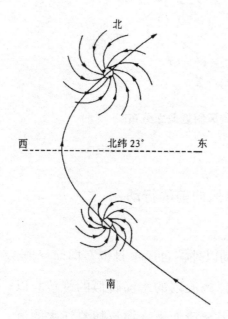

图六　台风行进路线和台风范围内风之方向

大部分的台风发源在太平洋中加罗林群岛左近，北纬五度到十度，东经一百三十度到一百六十度这区域。也有起源于菲律宾以西的中国海的，但为数较少。起初只不过是微弱的低气压。如果环境适宜，四周的气流合于发展，这台风的范围就慢慢地扩大，气压就慢慢地减低，等到行近菲律宾时便可成为正规形的台风了。在夏秋二季，自五月到十一月，台风经菲律宾附近可向西北在海南岛或广东沿海上陆，或直指台湾再向闽浙登陆，也有经琉球到长江下游登陆的。台风一到大陆上，因为地面阻力比海洋大得多，风力就慢慢减小，中心低气压就逐渐变弱，不久就消灭了。一部分台风到

108

达了温带里，它的方向就转了，前往日本、朝鲜或太平洋中。台风的路径好像抛物线状，如图六，其转弯点在北纬二十三度到三十五度，东经一百二十度到一百三十度。它的路径很受太平洋高气压中心地位的影响，遇到高气压的时候，台风便须绕道而行。

六、台风的季节

亚东的台风可说是只限于夏秋二季。在冬季半年，自阳历十一月到次年的四月，很少有台风出现。因为那时太阳直射到南半球的热带上，风带南移，东南信风很少机会能跨过赤道而和北半球的东北信风相遭遇的。自五月起，菲律宾群岛上就可受到台风的侵犯。一到六月，台风便可影响到台湾和广东、福建二省的沿海。七八月里台风便可侵入长江下游或长驱到朝鲜，山东、辽东两半岛亦可遭殃。这是台风肆虐于大陆的鼎盛时期。到了九月台风便多东趋日本或向闽粤沿海上陆了。十月间台风的活动更向南退到菲律宾、安南，或向北去日本。以上是就一般而论，也有很多例外。有五月间台风就到台湾、华南或九月间就侵入长江下游的。

七、台风的数目

太平洋中每年台风的数目平均从十八个到二十个。此处所谓台风，乃限于发达已达相当程度的热带风暴而言。在台风范围以内，风力必须达到每小时四十英里以上才可称作台风。台风的数目以八月为最多，平均每月四个以上。七月次之，约每月三个半。九月、六月又次之。侵入我国境内的，年年有之，以台湾及闽、粤沿海为最多，浙江温、台各属次之，长江下游、山东、辽东半岛亦偶遭殃及。台风数目的多少，也要看太平洋高气压的情形而定。在夏秋之交高气压如特别发达，它的范围可扩充到日本以南琉球一带，那么台风的数目就会减少。反之若太平洋高气压势力微弱，台风的数目便要增多。

八、台风的危害

在正规的台风范围以内，风狂雨骤，所以往往造成巨大的灾荒。每秒钟三十公尺（每小时六十六英里）的风速在台风中是常有的，甚至有达每秒五十公尺（每小时一百一十英里）以上的。随带而来尚有倾盆暴雨，二十四小时内降两百毫米（八英寸）的雨不算一回事。在农村里便使田亩顿成泽国，吹倒成抱的大树，淹坏数十万亩的禾苗。若遇城邑乡镇，便飞瓦倾檐，使成千成万的老百姓日夜无安身之所。海洋中的渔舟帆船遇到台风摇荡倾覆，绝无幸免之理。历史上台风的危害，不可胜计。最近本年七月底的台风于二十四日在宁波上陆。二十五日晨过上海，风速达每小时六十四英里。棚户房屋多被吹去，据初步报告，倒塌房屋压死十余人，又加以骤雨高潮，闸北、虹口均浸水，无家可归者两万余人。损失之大为三十年来所未有。此同一台风于二十六日下午三点起到二十七日又在辽东半岛、旅顺、大连肆虐。据旅大行政公署的估计，旅大区遭受损失，计人员死五十四人、伤九十五人，船只沉没损坏者两百七十四只，建筑物被吹倒者五千四百间，农产品受损者三万余吨，树木折断者四万两千株，电气设备损失四百二十万元关东券（约抵人民券一千二百万元），全区合计损失总共三十六亿元关东券。旅大区不过是被灾地方的极小部分。合起上海、杭、绍、宁波及东北、华东各地农作物、住宅、交通工具、渔舟的损失，数目之巨大可以想见。

九、台风的预告

台风既能如此危害人民，我们岂可不利用科学的方法与之奋斗呢？在目前我们尚无法能使台风消灭。但气象台亦已可预告台风，使人民事先防范。在收不到气象台报告的地方，也可用气象学上的知识来加以预测。台风未到二十四小时至三十六小时以前，即离台风尚有四百公里至六百公里之遥，已可见如马尾状的卷云，满布天空。此等卷云作带状，排作几条，从天边一个方向辐射而出。这辐射中心所在的方向即是台风所在的方向。待台风走近时，云就慢慢降低，从卷层云变为高层云、碎层云，风力亦渐渐增加。在上海、宁波沿海一带，夏秋之交，普通多东南风。一旦若发东北风而风力加强，气压降低，就有台风临到的可能。在大洋中轮船若见到台风的预兆，就得从风的方向来辨明台风中心之所在，然后向相反的方向行驶，来逃避台风。万一如逃避不掉，则须知台风范围内右方比向左方风力更强，危险亦更大，向台风的右方直穿经过，比向它的左方更为危险些。如图六所示，无论台风向西北或东北方向进行，它的右方风的方向与进行方向相合，所以势力格外大。左方风的方向与进行方向相背，可以互相抵消，但是要知道台风中心之所在，最好的方法是收接上海或南京的气象台报告。气象台从天气图上过去二十四小时或十二小时台风行走的方向和速度，可以预告二十四小时以后台风中心将到的地点。当然台风行走的速度和方向，随时可以更变。因此在台风当令的时节，气象台的报告，每日次数必须增加，以便台风方向、速度有更变的时候，马上就让大家知道，因此这时候各测候站观测的次数和通报的时间，也必须增加才行。

十、三十八年七月底经过上海、大连之台风

七月二十日在北纬五十度（疑为"北纬十五度"），东经一百三十一度，帛琉岛附近发现一个热带气旋。当时尚是毛羽未丰，不能称为台风，其时正在向北移动中。到二十二日下午三时台风已发展到相当程度，在北纬十九度、东经一百二十九度，以每小时六海里的速度向西北进行。二十三日下午三时台风经冲绳岛之西，以每小时十四海里的速度向西北进行。二十四日下午九时在宁波附近登陆，二十五日清晨四时经上海，发生大风雨。登陆以后，由于国内各气象台，华东、华北、东北三区素乏联络，故台风的行踪即告不明。但知二十六日青岛人民广播电台报告，台风已经其地，有向东北进行的趋

势。大连人民广播电台接青岛广播，始知大连有卷入台风的危险。下午三时后大连即发狂风，初自东北来。二十七日晨转北风。最高风速，据大连《人民日报》所载，为每秒三十五公尺，即每小时六十海里，为大连三十四年来所未有。台风中心，后自大连东方过去。此次台风，华东沪杭一带与东北辽东区同受灾害。而因整个气象组织缺乏健全的系统，各台不通音闻，缺乏联络，以致台风登陆以后的行踪不明。苟有统一机构，规划防范，则旅大区于二十五日即可得到警告，而能及时准备。此次旅大风灾靠旅大区党委、行政公署和市政府之努力，即日发出通令成立台风防务指挥部，于短期间之内电气、电话、铁路交通迅速恢复，工厂损失亦不致十分严重，成绩诚可赞美。但若华北或南京有主持全国气象的机构，作通盘的筹划，见有风灾早向各区警告，使有备无患，虽不能免除灾难，亦可减少灾害的程度。古人所谓事后之焦头烂额，不如事先之曲突徙薪，即是这个意思。（注：本文在旅行东北时写就，手边无参考资料，错误自所不免，希阅者谅之。）

纪念卡尔·林内诞生 250 周年

1957 年是瑞典博物学家卡尔·林内诞生 250 周年。为了响应世界和平理事会 1957 年纪念七位世界文化名人的号召，我们谨在这里举行纪念会。

卡尔·林内（1707—1778）竭尽了毕生精力，从事植物和动物的分类学研究，是近代生物分类学的奠基者，他所创的"双名制"拉丁文简洁叙述法，鉴定了数以千计的植物、动物学名，这是生物学上划时代的创举，为以后全世界生物学家所采用，廓清了过去动植物命名混乱不清的状态，开生物学科学的新纪元。他在生物学上的贡献将请生物学家来表达，我只想谈一谈在近代科学史上林内所占的崇高地位。

卡尔·林内是近代自然科学史上划时代的人物，恩格斯（1820—1895）在《自然辩证法》书里曾经称十六、十七世纪欧洲近代自然科学萌芽时代为"牛顿

（1642—1727）和林内为标志的这一时期"，恩格斯把林内和牛顿并列不是偶然的。那个时代自然科学最重要的工作是整理过去所积累的大量材料，使之成一个体系，在天文学、物理学方面是如此，在动物学、植物学方面也是如此。牛顿继哥白尼（1473—1543）首创地球绕太阳的学说，和开普勒（1570—1630）发现行星运动三大定律之后，建立了物质一般运动的概念，即万有引力学说，推翻了古代亚里士多德、托勒密的太阳绕地的学说，这是千古不朽的事业。在生物学上动植物分类分为属与种的制度，从希腊柏拉图（公元前 427—347）和亚里士多德（公元前 384—322）时代即已建立，经过一千八九百年的时间，欧洲人所知道的动植物种类并无大量的增加，所以也没有改革动植物分类和命名制度的需要。但到十六、十七世纪因为新大陆的发现，海上交通的频繁，新发现的动植物大量出现，古代亚里士多德的经典著作中所创立的生物学分类方法已不适用。所以此时意大利西赛宾那（1519—1603），法国的杜纳福（1656—1708），英国的约翰雷（1627—1705）统建了一套植物分类和命名的方法，但他们的方法统没有像 1735 年林内所著的《自然系统》和《植物学基础》中所创立的分类法那么简明而扼要，所以林内的著作出版后不出数年便风行全欧。但林内并不以此自满，他从壮年到老年毕生致力改

116

进生物学上分类方法，于 1753 年又建立了双名制，从此杂乱无章的千万动植物种属统可以一个简明系统来分类命名，这个功绩正和牛顿的万有引力定律能把天空中万千物体极其复杂的运行归纳成为一个简易明晓的规律一样，这在科学史上统是具有革命性的伟大功绩。

在成就方面林内和牛顿一样创造了不可磨灭的功绩，但同时他们也同样受到时代的限制；这时代的限制就是哲学上的一种偏见，即自然界的绝对不变性。天空中的星宿被上帝造成以后就会依照运动的轨道一直运转下去；地球从被创造的日子起便一成不变地保存原形，植物和动物的种类产生以后便从此永远确定下来。这一种从中世纪所遗留下来的传统观念，仍为十七、十八世纪时代一般欧洲科学家所信仰，而林内与牛顿也不例外。英国贝尔纳教授在他新近出版的《历史上的科学》书里曾经说："牛顿的极大成功同时也带来了缺点……他个人威望比他所创造的科学原理影响更大，他科学上的威望使人忘掉了牛顿的许多见解意识统受了当时神学的暗示，而这种缺点直到爱因斯坦时代才被人觉察出来，甚至到如今还没有完全觉察到。"林内是虔诚信奉宗教的人，他晚年对于动植物种类不可变的学说虽不如当初的坚持，而且相信杂交可能产生新种，但他的门徒满布欧洲各国，统信动植物种类的一成不变为金科玉律，这对于十九世纪自然界进化论的学说起了很大的阻碍。但是，牛顿和林内受时代限制的这种缺点并不减少他们在科学史上丰功伟绩的光辉。

所谓牛顿和林内的时代是怎样的时代呢？这在恩格斯的《自然辩证法·导言》里说得很清楚，他说："这是一个人类前所未有的最伟大的进步的革命，是一个需要而且产生了巨人……的时代。……那时差不多没有一个著名人物不曾作过长途旅行，不会说四五种语言，不在许多部门放射出光芒……"林内正是这样的一个伟大人物。他不但是一个科学家，他又是当时著名的医生，同时也是一个大教育家。卡尔·林内在研究工作之外更注意讲学培植人才。他自 1741 年被选任乌帕沙拉大学博物学讲座后，除研究植物学外，教学工作也很辛勤，循循善诱，诲人不倦。加之他善于辞令，解释详明，对于青年人具有极大的吸引力。自他任教以来，乌帕沙拉大学就成为欧洲学术重心之一。他的学生除瑞典外尚有来自东欧、西欧以及美洲、非洲的学生，他的桃李足迹走遍天下。

目前我国正在进行社会主义建设，要大力开发我们国家丰富的资源。要开发自然，必须先得了解自然，认识自然，必得大规模地从事于全国动物、植物的普查，这一工作正在期待着分类学家发挥巨大的力量。我们正

118

要学习卡尔·林内以敏锐的眼光来观测事物，窥探宇宙的奥秘，阐发宇宙间事物的规律，要向卡尔·林内学习锲而不舍，诲人不倦，毕生和自然界做斗争的精神。今天我们来纪念这位世界文化名人卡尔·林内诞生250周年是有十分重大意义的。

新中国的科学是为人民幸福服务的，亦是为世界和平服务的。我们要发展科学、保卫和平，需要加强世界科学工作者的联系和合作。卡尔·林内是第一个给世界上全体人类以一个称号，一个科学名词 Homo Sapiens，意思是"有智慧的人"。无论是白种人、黑种人、黄种人统是"有智慧的人"，无论信基督教或天主教，回教或印度教，道教或佛教，或者完全不信任何宗教者统是 Homo Sapiens。这虽仅仅是分类学上的称号，但它的含义是很丰富而深远的。"四海之内皆兄弟也"，这才配作为"有智慧的人"的理想，人类若是互相隔离歧视，互相猜忌残杀，那还能称为"有智慧的人"么？卡尔·林内对于战争是非常痛恨的，他曾经说过"战争是罪恶当中最罪恶的，芸芸众生之中，唯有人自相残杀，上帝将给制造战争者以极严厉的刑罚"。不错，在动物中除了蚂蚁之外，只有人才大规模地自相残杀，而且科学愈进步，残杀的规模也愈广大了。若是卡尔·林内今天还是活着，我相信他定将成为世界和平运动的柱石。

同志们，我们在纪念伟大的科学先进——卡尔·林内诞生 250 周年的今天，我们十分高兴，有瑞典王国的大使布克先生以及许多国外来宾参加我们的这个纪念会，我们热烈地表示欢迎，并希望他们把我们的愿望转达给他们国家的科学家和人民。我们新中国科学工作者一定要和世界各国的科学家和爱好和平的人民一道，努力取消一切人为的障碍，促进国际间科学文化的交流，发展各国人民和科学工作者之间的友好合作，使和平永远克服战争。

物候学

一、什么是物候学

物候学是研究自然界的植物（包括农作物）、动物和环境条件（气候、水文、土壤条件）的周期变化之间相互关系的科学。它的目的是认识自然季节现象变化的规律，以服务于农业生产和科学研究。

物候学和气候学相似，都是观察各个地方、各个区域、春夏秋冬四季变化的科学，都是带地方性的科学。物候学和气候学可说是姊妹行，所不同的，气候学是观测和记录一个地方的冷暖晴雨，风云变化，而推求其原因和趋向；物候学则是记录一年中植物的生长荣枯，动物的来往生育，从而了解气候变化和它对动植物的影响。观测气候是记录当时当地的天气，如某地某天刮风，某

121

时下雨，早晨多冷，下午多热等等。而物候记录如杨柳绿，桃花开，燕始来等等，则不仅反映当时的天气，而且反映了过去一个时期内天气的积累。如1962年初春，北京天气比往年冷一点，山桃、杏树、苹果都延迟开花。从物候的记录可以知季节的早晚，所以物候学也称为生物气候学。

在我国最早的物候记载，见于《诗经·豳风》一章里，如说："四月里蘵草开了花，五月里蝉振翼发声。"又如说："八月里枣子熟了可以打下来，十月里稻子黄了可以收割"等，那完全是老农经验之谈。到春秋时代，已经有了每逢节气的日子记录物候和天气的传统，而且已经知道燕子在春分前后来，在秋分前后离去。到了战国、秦、汉时期，二十四节气成立以后，在《吕氏春秋》《礼记·月令》《夏小正》《淮南子》等书中，更有依节气而安排的物候历。《礼记·月令》是根据《吕氏春秋》的，是周、秦时代所遗留下来比较完整的一个物候历。如在"阴历二月"条下，列举了下述的物候："这时太阳走进了二十八宿中的奎宿，天气慢慢地和暖起来，每当晴朗天气，可以见到美丽的桃花盛放，听到悦耳的鸧鹒鸟歌唱。一旦有不测风云，也不一定下雪而会下雨。到了春分节前后，昼和夜一样长，年年见到的老朋友——燕子，也从南方回来了。燕子回来的那天，皇帝还得亲自到庙里进香。在冬天销声绝迹的雷电也重新振作起来；匿伏在土中、屋角的昆虫，也苏醒过来，向户外跑的跑、飞的飞地出来了。这时候，农夫应该忙碌起来，把农具和房子修理好，国家不能多派差事给农民，免得妨碍农田的耕作。"这是两千多年以前，黄河流域初春时物候的概述。

我们从这些材料可以知道，古代之所以积累物候知识，一方面是为了维持奴隶主和封建主的统治；但主要是为了指挥奴隶或农奴工作。如《淮南子·主术》篇所讲的，"听见虾蟆叫，看见燕子来，就要农奴去修路；等秋天叶落时要去伐木。"

或许有人要问：自从十六、十七世纪温度表、气压表发明以后，气温、气压可以凭科学仪器来测量；再加以十八、十九世纪以后，各种气象仪器的逐步改进，直到近来，雷达和火箭、人造地球卫星在气象观测上的广泛应用，气候学已有迅速的进步。但是，物候学直到如今还是靠人的两目所能见到和两耳所能听到的作记载，这还能起什么作用呢？

我们要知道，物候这门知识，是为农业生产服务而产生的，在今天对于农业生产还有很大作用。它依据的是比仪器复杂得多的生物。各项气象仪器虽能比较精密地测量当时的气候要素，但对于季节的迟早尚无法直接表示出来。举例来说：1962年春季，华北地区的气候比较寒冷，但是五一节那天早晨，北京的温度记录却比前一年和前两年同一天早晨的温度高摄氏两三度之多。因此，不拿一个时期之内的温度记录来分析，就说明不了问题。如果从物候来看，就容易看出来。1962年北京的山桃、杏树、苹果、榆叶梅、西府海棠、丁香和五一节前后开花的洋槐的花期都延迟了，比1961年迟了十天左右，比1960年迟五六天。我们只要知道物候，就会知道这年北京农业季节是推迟了，农事也就应该相应地推迟。可是1962年北京地区农村人民公社，在春初种花生等作物时，仍旧照前两年的日期进行，结果受了低温的损害。若能注意当年物候延迟的情况，预先布置，就不会遭受损失了。

另外，把过去一个时期内各天的平均温度加起来，成为一季度或一个月的积温，也可以比较各年季节冷暖之差，但是，还看不出究竟温度要积到多少度才对植物发生某种影响，才适合播种。如不经过农事实验，这类积温数字对指导农业生产，意义还是不大。物候的数据是从活的生物身上得来，用来指导农事活动就很直接，而且方法简单，农民很易接受。物候对于农业的重要性就在于此。

二、中国古代的物候知识

如上面所讲的，我国古代物候知识起源于周、秦时代，目的是指挥奴隶适时从事农业生产。我国从春秋、战国以来，一直重视农业活动的适时，孟子就说过："不违农时，谷不可胜食也。"《吕氏春秋·十二月纪》中汇集了这方面的知识，编为二十四节气的物候。该书中另有一篇名为《审时》，开头就说："凡农之道，候之为宝。"几乎全篇统是讨论种庄稼，如违背了时令，所种五谷将会得到什么不良的结果。在《任地》篇里规定冬至后五十七日菖蒲生而开始耕田。二十四节气的物候知识被编入《礼记·月令》和《淮南子》等书以后，便被广泛地应用起来。到汉代铁犁和牛耕的普遍应用，以及人口的增加，使农业有了显著进步。二十四节气每一节气相差半个月，应用到农业上已觉相隔时间太长，不够精密，所以有更细分的必要。《逸周书·时则训》就分一年为七十二候，每候五天。如说："立春之日春风解冻，又五日蛰虫始振，又五日鱼上冰。雨水之日獭祭鱼，又五日鸿雁来，又五日草木萌动。惊蛰之日桃始花，又五日仓庚鸣，又五日鹰化为鸠。春分之日玄鸟至，又五日雷乃发声，又五日始电"等等。

物候知识最初是农民从实践中得来，后来经过总结，附属于国家历法。但物候是随地而异的现象，南北寒暑不同，同一物候出现的时节可相差很远。在周、秦、两汉，国都在西安、洛阳，南北东西相差不远，应用在首都附近尚无困难；但如应用到长江以南或长城以北，就嫌格格不入。到南北朝，南朝首都在建康，即今南京；北朝初都平城，就是今日的大同，黄河下游的物候已不适用于二地。南朝宋、齐、梁、陈、隋等王朝都很短促，没有改变月令；北魏所颁布的七十二候，据《魏书》所载，已与《逸周书》不同，在立春之初加入"鸡始乳"一候，而把"东风解冻""蛰虫始振"等候统推迟五天。但平城的纬度在西安、洛阳以北四度多，海拔又高出800米左右，所以物候相差，实际上绝不止一候。

　　到了唐朝，首都又在长安；北宋都汴梁，即今开封，此时首都又与秦、汉的旧地相近。所以，唐宋史书所载七十二候，又和《逸周书》所载大致相同。元、明、清三朝虽都北京，纬度要比长安和开封、洛阳靠北5度之多，但这几代史书所载七十二候和一般时宪书所载的物候，统是因袭古志，依样画葫芦。不但立春之日"东风解冻"，惊蛰之日"桃始花"，春分之日"玄鸟至"等物候，事实上已与北京的物候不相符合，未加改正；即古代劳动人民以限于博物知识而错认的物候，如"鹰化为鸠""腐草化为萤""雀入大水为蛤"等谬误,也一概仍旧。这是无足怪的,因为《诗经·豳风》中的物候乃是老农田野里实践得来,是生活斗争中获得的一些知识,虽然粗放些,生物学知识欠缺些,但物候和季节还能对得起来。到后来,编月令成为士大夫的一种职业;明清两代,由于士大夫以做八股为升官发财的跳板,一般缺乏实际知识,真是菽麦不辨,所写物候,统从故纸堆中得来,怪不得完全与事实不符。顾炎武早经指出,在周朝时候,劳动人民普遍地知道一点天文,如《诗经·豳风》章"七月流火"、《唐风》章"三星在户"和《鄘风》章"定之方中",统是男女劳农所唱的歌谣。但到清朝初年,若问士大夫"大火"是什么星?"定宿"在哪里?统将茫然不知所对。明清时代,一般士大夫对天文固属茫然,对物候也一样的无知,这统是由于他们的书本知识脱离实践所致。

尽管如此,我国从两汉以来,一千七八百年间,劳动人民积累的物候知识,经好些学者,如北魏贾思勰、明代徐光启和李时珍等终生辛劳地采访搜集,分析研究,还是得到发扬光大,传之于后代。

我国古代农书医书中的物候

中国最早的古农书,现尚保存完整的,要算北魏贾思勰的《齐民要术》。其中不少地方引用了比这书更早五百年的一部农书，西汉《氾胜之书》。在古农书中，还有专讲农时的书，如汉崔寔的《四民月令》，元鲁明善的《农桑衣食撮要》等。《氾胜之书·耕作》篇劈头就说："凡耕之本，在于趣时。"换句话说，就是耕种的基本原则在于抓紧适当时间来耕耘播种。这时间如何能抓得不先不后呢？《氾胜之书》就用物候作为一个指标，如说："杏花开始盛开时，就耕轻土、弱土。看见杏花落的时候再耕。"对于种冬小麦，他说："夏至后七十天就可以种冬麦，如种得太早，会遇到虫害，而且会在冬季寒冷以前就拔节；种得太晚，会穗子小而子粒少。"对于种大豆，书中说："三月榆树结荚的时候，遇着雨可以在高田上种大豆。"

贾思勰在他的《齐民要术》中总结的劳动人民关于物候的知识，比《氾胜之书》更为丰富，而且更有系统地把物候与农业生产结合起来。如卷一谈种谷子时说道："二月上旬，杨树出叶生花的时候下种，是最好的时令；三月上旬到清明节，桃花刚开，是中等时令；四月上旬赶上枣树出叶、桑树落花，是最迟时令了。"并指出："顺随天时，估量地利，可以少用些人力，多得到些成果。要是只凭主观，违反自然法则，便会白费劳力，没有收获。"

贾思勰已经知道各地的物候不同，南北有差异，东西也有分别。他指出一个地方能种的作物，移到另外一个区域，成熟迟早，根实大小就会改变。在《齐民要术》卷三"芜菁"和"种蒜"条下说："在并州没有大蒜种，要向河南的朝歌取种，种了一年以后又成了百子蒜。在河南种芜菁，从七月处暑节到八月白露节都可以种……但山西并州八月才长得成。在并州芜菁根都有碗口大，就是从旁的州取种子来种也会变大。"又说："并州产的豌豆，种到井陉以东；山东的谷子，种到山西壶关、上党；便都徒长而不结实。"在书中，贾思勰从物候的角度尖锐地提出了问题，要求解释。但是，直到现在，这类的问题：如为什么北方的马铃薯种到南方会变小退化？关东的亚麻和甜菜移植到川北阿坝州，虽长得很好但不结籽等等，还是植物生态学上和生理学上所未能解决，又是生产所急需解决的问题。

《齐民要术》的另一重要地方，是破除迷信。《氾胜之书》虽然依靠物候来定播种时间，但信了阴阳家之言，定出了若干忌讳。例如播种小豆忌卯日，种稻麻忌辰日，种禾忌丙日等等。这种忌讳一直流传下来，直到元朝王祯《农书》中，仍有"麦生于亥，壮于卯……死于午"等胡说。《齐民要术》指出这种忌讳不可相信，强调了农业生产上要及时和做好保墒。在一千四五百年前，能够坚持唯物观点，如贾思勰这样是不容易的。

从北魏到明末一千年间，我国虽出版了不少重要农业书籍，如元代畅师文、苗好谦等撰的《农桑辑要》，王祯撰的《农书》等，但在物候方面，除掉随着疆域扩大，得了许多物候知识外，少有杰出的贡献。到了明朝末年，徐光启从利玛窦、熊三拔等教士学得了不少西洋的天文、数学、水利、测量的知识，知道了地球是球形的，在地球上有寒带、温带、热带之分等等。这些新知识更加强了他的"人定胜天"的观念。他批评了王祯《农书·地利》篇的环境决定论，在《农政全书·农本》一章中说："凡一处地方所没有的作物，总是原来本无此物，或原有之而偶然绝灭。若果然能够尽力栽培，几乎没有不可生长的作物。即使不适宜，也是寒暖相违，受天气的限制，和地利无关。好像荔枝、龙眼不能逾岭，橘、柚、柑、橙不能过淮一样。王祯《农书》中载有二十八宿周天经度，这没有多大意义。不如写明纬度的高低，以明季节的寒暖，辨农时的迟早。"

徐光启热烈地提倡引种驯化。在《农政全书》卷二十五，他赞扬了明邱濬主张的南方和北方各种五谷并种，可令昔无而今有的说法。万历年间，甘薯从拉丁美洲经南洋移植到中国还不久，他主张在黄河流域大量推广。有人问他，"甘薯是南方天热地方的作物，若移到京师附近以及边塞诸地，可以种得活吗？"他毅然答应说："可以。"他说："人力所至，抑或可以回天。"也就是，他认识到人力可以驯化作物。到如今河北、山东各省普遍种植甘薯，不能不说徐光启有先见之明。

《农政全书》卷四十四讲到如何消灭蝗虫，也是很精彩的。他应用了统计方法，整理历史事实，指出蝗虫多发生在湖水涨落幅度很大的地方，蝗灾多在每年农历的五、六、七三个月。这样以统计法指出了蝗虫生活史上的时地关系，便使治蝗工作易于着手。最后他总结了治蝗经验，指出事前掘取蝗卵的重要，他说："只要看见土脉隆起，即便报官，集群扑灭。"这可以说是用统计物候学的方法指导扑灭蝗虫。

李时珍比徐光启早出生四十四年，他是湖北蕲州人。他所著的书《本草纲目》，于1596年在南京出版。相隔不到十二年，便流传到日本，不到一百年，便被译成日文；后更传播到欧洲，被译成拉丁文、德文、法文、英文、俄文等。这部书之所以被世界学者所珍视，是因为书中包含了极丰富的药物学和植物学的材料。单从物候学的角度来看，这部书也是可宝贵的。例如卷十五记载"艾"这一条时说："此草多生山原，二月宿根生苗成丛。其茎直生，白色，高四五尺。其叶四布，状如蒿，分为五尖桠，面青背白，有茸而柔厚。七八月间出穗，如车前，穗细。花结实，累累盈枝，中有细子，霜后枯。皆以五月五日连茎刈取。"这样的叙述，即在今日，也不失为植物分类学的好典型。《本草纲目》所载近两千种药物，其中关于植物的物候材料是极为丰富的。又如卷四十八和四十九谈到我国的鸟类，其中对于候鸟布谷、杜鹃的地域分布、鸣声、音节和出现时期，解释得很清楚明白，即今日鸟类学专家阅之，也可收到益处的。

当然，我们不能苛求三四百年以前的古人，能将两三千年中经史子集里所有的关于物候学上错误的知识和概念，一下子能全盘改正过来。《本草纲目》中对"腐草化为萤，田鼠化为驾"等荒谬传说，统人云亦云地抄下来，没有加以驳斥，这是限于时代，不足为怪的。在西洋，直至十八世纪，瑞典著名植物学家，也即近代物候学的创始人卡尔·林内，尚相信燕子到秋天沉入江河，在水下过冬的。

唐宋大诗人诗中的物候

我国古代相传有两句诗说道："花如解语应多事，石不能言最可人。"但从现在看来，石头和花卉虽没有声音的语言，却有它们自己的一套结构组织来表达它们的本质。自然科学家的任务就在于了解这种本质，使石头和花卉能说出宇宙的秘密。而且到现在，自然科学家已经

132

成功地做了不少工作。以石头而论，譬如化学家以同位素的方法，使石头说出自己的年龄；地球物理学家以地震波的方法，使岩石表白自己的深度；地质学家和古生物学家以地层学的方法，初步地摸清了地球表面，即地壳里三四十亿年以来的石头历史。何况花卉是有生命的东西，它的语言更生动，更活泼。像上面所讲，贾思勰在《齐民要术》里所指出那样，杏花开了，好像它传语农民赶快耕土；桃花开了，好像它暗示农民赶快种谷子。春末夏初布谷鸟来了，我们农民知道它讲的是什么话："阿公阿婆，割麦插禾。"从这一角度看来，花香鸟语统是大自然的语言，重要的是我们要能体会这种暗示，明白这种传语，来理解大自然，改造大自然。

我国唐、宋的若干大诗人，一方面关心民生疾苦，搜集了各地方大量的竹枝词、民歌；另一方面又热爱大自然，善能领会鸟语花香的暗示，模拟这种民歌、竹枝词，编成诗句。其中许多诗句，因为含有至理名言，传下来一直到如今，还是被人称道不止。明末的学人黄宗羲说得好："诗人萃天地之清气，以月、露、风、云、花、鸟为其性情，其景与意不可分也。月、露、风、云、花、鸟之在天地间，俄顷灭没，而诗人能结之不散。常人未尝不有月、露、风、云、花、鸟之咏，非其性情，极雕绘而不能亲也。"换言之，月、露、风、云、花、鸟乃是大自然的一种语言，从这种语言可以了解到大自然的本质，即自然规律，而大诗人能掌握这类语言的含义，所以能编为诗歌而永垂不朽。物候就是谈一年中月、露、风、云、花、鸟推移变迁的过程。对于物候的歌咏，唐宋大诗人是有杰出成就的。

唐白居易（乐天）十五岁时，曾经写过一首咏芳草（《古原草》）的诗："离离原上草，一岁一枯荣。野火烧不尽，春风吹又生。……"诗人顾况看到这首诗，大为赏识。一经顾况的吹嘘，这首诗便被传诵开来。这四句五言古诗，指出了物候学上两个重要规律：第一是芳草的荣枯，有一年一度的循环；第二是这循环是随气候而转移的，春风一到，芳草就苏醒了。

在温带的人们，经过一个寒冬以后，就希望春天的到来。但是，春天来临的指标是什么呢？这在许多唐、宋人的诗中我们可找到答案的。李白（太白）诗："春风又绿瀛州草，紫楼江城觉春好。"王安石（荆公）晚年住在江宁，有句云："春风又绿江南岸，明月何时照我还？"据宋洪迈《容斋续笔》中指出：王荆公写这首诗时，原作"春风又到江南岸"。经推敲后，认为"到"字不合意，改了几次才下了"绿"字。李白、王安石他们在诗中统用绿字来象征春天的到来，到如今，在物候学上，花木抽青也还是春天的重要指标之一。王安石这句诗的妙处，还在于能说明物候是有区域性的。若把这首诗哼成"春风又绿河南岸"，就很不恰当了。因为在大河以南开封、洛阳一带，春风带来的征象，黄沙比绿叶更有代表性，所以，李白《扶风豪士歌》便有"洛阳三月飞胡沙"之句。虽则句中"胡沙"是暗指安史之乱，但河南春天风沙之大也是事实。

树木抽青是初春很重要的指标，这是肯定的。但是，各种树木抽青的时间不同，哪种树木的抽青才能算是初春指标呢？从唐、宋诗人的吟咏看来，杨柳要算是最受重视的了。唐王昌龄《闺咏》诗："闺中少妇不知愁，春日凝妆上翠楼。忽见陌头杨柳色，悔教婿夫觅封侯。"是一首很有代表性的受人传诵的作品。杨柳抽青之所以被选为初春的代表，并非偶然之事：第一，因为柳树抽青早；第二，因为它分布区域很广，南从五岭，北至关外，到处都有。它既不怕风沙，也不嫌低洼。唐李益《临滹沱见蕃使列名》诗："漠南春色到滹沱，碧柳青青塞马多。"刘禹锡在四川作《竹枝词》云："江上春来新雨晴，瀼西春水縠文生。桥东桥西好杨柳，人来人去唱歌行。"足见从漠南到蜀东，人人皆以绿柳为春天的标志。柳树作为物候指标的另一好处，是它的花子到暮春被风吹扬，到处飞腾，引起大家的注意。苏轼（东坡）《密州五绝》之一："梨花淡白柳深青，柳絮飞时花满城。惆怅东栏二株雪，人生看得几清明。"所以同是一株柳，柳绿可以作为迎春的物候，柳絮可以作为送春的物候。

唐、宋诗人对于候鸟，也给以极大注意。他们初春留心的是燕子，暮春初夏注意的在西南是杜鹃，在华北、华东是布谷。如杜甫（子美）晚年入川，对于杜鹃鸟的分布，在诗中说得很清楚："西川有杜鹃，东川无杜鹃，涪万无杜鹃，云安有杜鹃。我昔游锦城，结庐锦水边，有竹一顷余，乔木上参天，杜鹃暮春至，哀哀叫其间……"

南宋诗人陆游（放翁），在七十六岁时作《初冬》诗："平生诗句领流光，绝爱初冬万瓦霜。枫叶欲残看愈好，梅花未动意先香……"这证明陆游是留心物候的。他不但留心物候，还用以预告农时，如《鸟啼》诗可以说明这一点："野人无历日，鸟啼知四时；二月闻子规，春耕不可迟；三月闻黄鹂，幼妇悯蚕饥；四月鸣布谷，家家蚕上蔟；五月鸣雅舅，苗稚厌草茂……"像陆游可称为能懂得大自然语言的一个诗人。

我们从唐、宋诗人所吟咏的物候，也可以看出物候是因地而异、因时而异的。换言之，物候在我国南方与北方不同，山地与平原不同，而且古代与今日不同。

物候南方与北方不同　我国疆域辽阔，在唐、宋时期，南北纬度亦相差 30 余度，物候的差异自然很分明。往来于黄河、长江流域的诗人已可辨别这点差异，至于放逐到南岭以南的柳宗元（子厚）、苏轼，他们的诗中，更反映出岭南物候不但和中原有量的不同，而且有质的不同了。

秦岭在地理上是黄河、长江流域的分水岭，在气候上是温带和亚热带的分界，许多亚热带植物如竹子、茶叶、杉木、柑橘等等统只能在秦岭以南生长，间有例外，只限于一些受到适当地形的庇护而有良好小气候的地方。白居易于唐元和十年，从长安初到江西，作有《浔阳三题》诗，并有序云："庐山多桂树，溢浦多修竹，东林寺有白莲花，皆植物之贞劲秀异者……物以多为贱，南方人不贵重之……予惜其不生于北土也，因赋三题以唁之。"其中《溢浦竹》诗云："浔阳十月天，天气仍湿燠，有霜不杀草，有风不落木……吾闻晋汾间，竹少重如玉。"白居易是北方人，他看到南方竹如此普遍，便不免感到惊异。

苏轼生长在四川眉山，是南方人，看惯竹子的，而且是一个热爱竹子的人。青年时代进士及第后不久，于宋嘉祐七年到那时的京北路（今陕西省）凤翔为通判，曾亲至宝鸡、鳌屋、虢、郿四县，在宝鸡去四川路上《咏石鼻城》诗中有"……渐入西南风景变，道边修竹

137

水潺潺"之句。竹子确是南北物候不同很好的一个标志。

　　秦岭是我国亚热带的北界，南岭则可说是我国亚热带的南界，南岭以南便可称为热带了。热带的特征是："四时皆是夏，一雨便成秋。"换言之，在热带里，干季和雨季的分别比冬季和夏季的分别更为突出。而五岭以南即有此种景象，可于唐、宋诗人的吟咏中得之。柳宗元在柳州所作《二月榕叶》诗："宦情羁思共凄凄，春半如秋意转迷，山城过雨百花尽，榕叶满庭莺乱啼。"意思就是二月里正应该是中原桃李争春的时候，但在柳州最普遍的常绿乔木榕树，却于此时落叶最多，使人迷惑这是春天还是秋天？苏轼初到惠州时，也有诗记惠州的物候："罗浮山下四时春，卢橘杨梅次第新，日啖荔枝三百颗，不辞长作岭南人。"(《惠州一绝》) 苏轼后贬海南岛儋耳，作了不少关于海南岛物候的诗。他尝说，在岭南"菊花开时乃重阳，凉天佳月即中秋"(广州菊花、桂花终年可开)，不能以日月来定物候。1962年春分前一周，广州越秀山下的桃花早已凋谢，而柳叶却未抽青。但在韶关、郴州一带，正值桃红柳绿之时。可知五岭以南若干物候，是和长江流域先后相差的。

　　还有一个重要的物候，即梅雨的时期，在我国各地也先后不一。这在唐、宋诗人的吟咏中，早已有记载。柳宗元诗："梅实迎时雨，苍茫值晚春。"柳州梅雨在小春，即农历三月。杜甫《梅雨》诗："南京（即当时的成都）犀浦道，四月熟黄梅。"成都梅雨是在农历四月。苏轼《舶趠风》诗："三旬已过黄梅雨，万里初来舶趠风。"苏轼作此诗时在浙江湖州一带，三旬是夏至节后的十五天，即江浙一带梅雨是在农历五月。现在我们知道，我国梅雨在春夏之交，确从南方渐渐地推进到长江流域。

物候山地与平原不同。在大气中从地面往上升则气温下降，平均每上升 200 米，温度要降低摄氏 1 度，因此，在海拔高的地方，物候自然比较迟。对于这一点，在唐、宋诗人吟咏中也有反映。唐宋之问《寒食陆浑别业》诗："洛阳城里花如雪，陆浑山中今始发。"白居易《游庐山大林寺》诗："人间四月芳菲尽，山寺桃花始盛开。"按大林寺在今庐山大林路，据庐山植物园同志供给材料，那里海拔在 1,100 至 1,200 米，估计平均温度要比山下低摄氏 5 度，春天物候比山下可能有 20 天之差。高度相差愈大，则物候时间相离愈远。在长江、黄河流域的纬度上，海拔超过 4,000 米，不但无夏季，而且也无春秋了。李白《塞下曲》："五月天山雪，无花祗有寒。笛中闻折柳，春色未曾看。"这是纪实。我国西部的天山、阿尔泰山、昆仑山、祁连山均巍然高出云表，但山坡有不少面积能培植森林，放牧牲畜，可资利用，物候学在我国西部山区正大有可为。

物候古代与今日不同。陆游《老学庵笔记》卷六引杜甫上述《梅雨》诗，并提出一个疑问说："今（南宋）成都未尝有梅雨，只是到了秋天，空气潮湿，好像江浙一带五月间的梅雨，岂古今地气有不同耶？"卷五又引苏轼诗："蜀中荔支止嘉州，余波及眉半有不。"陆游解释说："依诗则眉之彭山已无荔枝，何况成都。"但唐诗人张籍却说成都有荔枝，籍所作《成都曲》云："锦江近西烟水绿，新雨山头荔枝熟。"陆游以为张籍没有到过成都，他的诗是闭门造车，是杜撰的，以成都平原无山为证。但是与张籍同时的白居易在四川忠州时作了不少荔枝诗，以纬度论，忠州尚在彭山之北。所以，也不能因为南宋时成都无荔枝，便断定唐朝成都也没有荔枝。

杜甫的《杜鹃》诗说："东川无杜鹃。"在抗战时期到过重庆的人都知道，每逢阳历四五月间，杜鹃夜啼，其声悲切，使人终夜不得安眠。但我们不能便下断语说："东川无杜鹃"是杜撰的。物候昔无而今有，在植物尚且有之，何况杜鹃是飞禽，其分布范围是可以随时间而改变的。譬如以小麦而论，唐刘恂撰的《岭表录异》里曾经说："广州地热，种麦则苗而不实。"但七百年以后，清屈大均著《广东新语》的时候，小麦在雷州半岛也已大量繁殖了。到如今，海南岛试种小麦虽然尚未成功，但我们若抱定"人能回天"的信心，使小麦在海南岛驯

140

化，普遍种起来，也是很有可能的。

自然，我们不能太天真地以为唐、宋诗人没有杜撰的诗句。我们利用唐、宋人的诗句来研究古代物候，自然要批判地使用。看来可能的错误，系来自下列几方面：

1. 诗人对古代遗留下来的错误观念，不加选择地予以沿用，如以柳絮为柳花或杨花。李白《遥寄王昌龄左迁》诗："杨花落尽子规啼，闻道龙标过五溪，我寄愁心与明月，随君直到夜郎西。"实际柳絮是柳的果实中的种子，果实成熟后裂开，种子带有一簇雪白的长毛，随风飞扬上下，落地后可集成一团。

2. 盲从经书中的传说和注解。唐钱起《赠阙下裴舍人》诗："二月黄鹂飞上林，春城紫禁晓阴阴……"按黄鹂是候鸟，要到农历四月才能到黄河流域中下游。唐代的二月，长安不会有黄鹂。《礼记·月令》："仲春鸧鹒鸣"，注中错误地把鸧鹒当作黄莺，钱起以误传误地用于诗中。

3. 诗人为了诗句的方便，不求数据的精密。如白居易《潮信》诗："早潮才落晚潮来，一月周流六十回。"顾炎武批评他说："月大有潮五十八回，月小五十六回，白居易是北方人，不知潮候。"实则白未必不知潮信，但为字句方便起见，所以说六十回。

4. 也有诗人全凭主观的想法，完全不顾客观事实的。

如宋和尚参寥子有《咏荷花》诗："五月临平山下路，藕花无数满汀洲。"有人指出，"杭州到五月荷花尚未盛开，要六月才盛开，不应说无数满汀洲。"他回答说："但取句美，'六月临平山下路'，便不是好诗了。"

5. 也有原来并不错的诗句，被后人改错的。如王之涣《凉州词》："黄沙远上白云间，一片孤城万仞山。羌笛何须怨杨柳，春风不度玉门关。"这是很合乎凉州以西玉门关一带春天情况的。和王之涣同时而齐名的诗人王昌龄，有一首《从军行》诗："青海长云暗雪山，孤城遥望玉门关。黄沙百战穿金甲，不破楼兰终不还。"也是把玉门关和黄沙联系起来。同时代的王维《送刘司直赴安西》五言诗："绝域阳关道，胡沙与塞尘。三春时有雁，万里少行人……"在唐朝开元时代的诗人，对于安西玉门关一带情形比较熟悉，他们知道玉门关一带到春天几乎每天到日中要刮风起黄沙，直冲云霄的。但后来不知在何时，王之涣《凉州词》第一句便被改成"黄河远上白云间"。到如今，书店流行的唐诗选本，统沿用改过的句子。实际黄河和凉州及玉门关谈不上有什么关系，这样一改，便使这句诗与河西走廊的地理和物候两不对头。

从上面所讲，可以知道，我国古代物候知识最初是劳动人民从生产活动中得来，爱好大自然和关心民生疾苦的诗人学者，再把这种自然现象、自然性质、自然规律引入诗歌文章。我国文化遗产异常丰富，若把前人的诗歌、游记、日记中物候材料整理出来，不仅可以"发潜德之幽光"，也可以大大增益世界物候学材料的宝库。

三、世界各国物候学的发展

古代世界的物候知识

西洋的物候知识也起源很早，因为人类从事农业生产，即有对物候知识的需要和取得这种知识的可能。所以，两千多年以前的希腊时代，雅典人即已试制包括一年物候的农历。及至罗马恺撒时代，还颁发了物候历以供应用。但欧洲有组织地观察物候，实际上开始于十八世纪中叶。当时植物分类学创始者瑞典人林内，在他所著的《植物学哲学》一书中，提出了物候学的任务，在于观测植物一年中发育阶段的进展。并在瑞典组织了18个地点的观测网，观测植物的发青、开花、结果和落叶的时期。这一观测网的活动时间，虽为期不过三年（1750—1752），但在欧美起了组织物候观测网的示范作用。

在林内时代以前，欧洲各国也有个别的人观测物候并保存了记录，如英国诺尔福克地区的罗伯特·马绍姆，从1736年起，即观测当地13种乔木抽青，4种树木开花，8种候鸟来往，以及蝴蝶初见，蛙初鸣等27种物候项目。罗伯特过世后，其家族有五代人连续观测，直到二十世纪三十年代，其间只缺二十五年（1811—1835），这是欧美年代最久的物候记录，其科学意义已经英国皇家气象学会做了总结，后面将加以讨论。

日本对于物候学的研究叫作季节学，据文献所载，他们最初即有二十四节气和七十二候，是从我国传去的。季节名称也与我国完全相同。日本自我国唐宪宗元和七年（公元812年）开始，即断断续续的有樱花开花的记录，迄今已达一千一百五十年之久，这无疑是世界上最长久的单项物候记录。

我国物候观测虽开始于两千年前，但无长年的记录。

近代世界物候学的发展

物候观测在十九世纪中叶以前，各国虽偶有进行，但统是零星碎散。十九世纪中叶以后，因为资本主义国家工业的发展和人口的繁殖，急需增加农业生产，才开始注意物候学的研究。如以日本为例，在八世纪圣武天皇时代，每亩（中国亩）稻谷产量只188磅。到明治初年，一千一百年间只增加了一倍，每亩产量为365磅。

但从十九世纪中叶到 1959 年，因利用化肥、灌溉、机耕、选种、植物保护等种种科学方法，水稻产量已增加到每亩 707 磅，即短短的八九十年中，又增加了一倍。而在诸种科学方法之中，物候学也应时而起，发挥了一定作用。到如今，日本已有 1,500 个物候观测点，属于中央观象台。农业气象与物候学已成为日本气象学的重要部门。日本自然季节观测记录主要应用于下列三方面：

1. 预报季节到来的时期；

2. 在没有气象记录的地方，如山岳地区，可以自然季节现象的资料作气象资料推算；

3. 历史时代气候变迁的研究。

总之，在日本，物候学对于农业耕种、收获适宜时间的决定，植物发芽、开花、结实时间的预测，气象灾害波及程度的推定，统发挥了很大作用。

德国从十九世纪九十年代起，霍夫曼花了四十年工夫做物候学的组织和观测工作，选择了 34 种标准植物，作为欧洲大陆中部观测物候对象，并每年出版欧洲物候图，如春季播种图等，包括了欧洲中部数百个物候点。在 1914—1918 年第一次世界大战时，德国粮食不足，霍夫曼的弟子安因从谷物播种图上选出德国谷物早熟地区，开垦种植，使德国粮食得到比较充分的供应。

英国物候的观测，在资本主义国家中开创特早。英国皇家气象学会从十九世纪九十年代起即组织了物候观测网，发展到 500 个站，且 1948 年以前，常出版物候报告。前任气象局局长萧，在他所著《天气的戏剧》一书中，并曾竭力提倡物候学。英国且有欧洲最久的物候记录，上面已经提到。但因为英国粮食、肉类大部依靠进口，对农业不那么重视。并且英国的物候观测对象，只限于野生植物，不观察农作物，物候研究是脱离生产实践的，因此，近来反有衰退现象。

美国从十九世纪后半期开始注意到物候的观测，逐渐建立物候观测网。到二十世纪初叶，在森林昆虫学家霍普金斯领导下扩充到全国，并提出所谓物候定律。美国农业部利用物候学来引种驯化，把世界各国特有的经济作物，分析其生长、开花、结果时期，探明其温度、湿度、日光的需要，然后移植于美国适当地区。过去曾从我国移植了不少品种，著名的如移植到加利福尼亚的柑橘，移植到佛罗里达的油桐和移植到中西诸州的大豆等。这几种经济作物经一二十年的培育，美国不但能够自给，而且在国际市场上和我国竞争。在移植前，美国曾派人在我国各农业试验场及农业学校搜集移植品种的物候条件的情报和各地气象资料，甚至从各省、各县方志中探查古代记录的物候情报。第二次世界大战以后，美国华盛顿作物生态研究所曾出版过《中国作物生态地理和北美洲类似区域》一书，其目的即在继续引种我国经济作物于美洲。

俄国十月革命以前，因为农业上的需要，物候研究与农业已有密切的联系。科学家中鼓吹研究物候最得力的有气象学家沃耶可夫，他提倡把气象观测和物候观测联合进行，称为联合观测法，即为日后农业气象观测法的萌芽。米丘林利用物候记录，创造出许多园艺新品种。植物生理学家季米里亚捷夫非常重视物候学，甚至说："气象条件只有我们同时熟悉植物要求的时候，才是有用的。没有对于植物要求的了解，气象记录的无限数字，将只不过是保留着一堆徒劳无功的废物而已。"

十月革命以后，物候学在苏联得到很大发展。自愿物候观测者的观测网有了很大的扩充，从 1940 年起，由全苏地理学会进行领导。同时中央水文气象局大大加强了各加盟共和国的农业气候研究。在这一期间，发表了各地区观测结果和大量物候图表。李森科应用物候观测资料，发现植物的发育和外界环境条件之间有密切的联系，创立了植物阶段发育的学说。

1953 年和 1954 年以后，苏联物候学强调了要利用自然季节性发展的观测结果，以提高农、林、牧业的生产。近年来苏联物候学最主要任务是搜集全苏领域内物候观测记录，同时研究动植物界季节现象与外界环境条件的联系，以及如何在国民经济中充分利用自然现象季节性的规律。1957 年 11 月，还举行全苏物候学会议。物候学在苏联对农业方面已起了一定的作用，物候观测已确定了很多地区的气候与植物发育速度之间的关系，编制了不同地区的物候历或自然历，绘制了各种物候图表，为研究各地区的季节现象和气候条件对栽培作物生长发育的影响提供了依据。换言之，苏联各地区的播种和收获时间，都可以根据对自然季节现象的观测资料进行预测，对于农业生产作出了直接而重要的贡献。

我国发展物候学的前途

我国古代重视农时，掌握农时的方法，是根据自然界的物候和二十四节气的。如前所述，战国时代的《吕氏春秋》、西汉的《氾胜之书》、东汉的《四民月令》和北魏的《齐民要术》诸书，讲到播种、耕耘、收获等田间操作的适宜时期，多数以自然界的物候为对照标准，只用少数节气为依据。为什么我国的二十四节气起源最早，而古代农学家们总结农民经验以定农时的时候，却没有全部依据节气呢？这是因为节气的日期年年基本相同（指阳历），而同一节气的气候是逐年有所不同的。物候随天时的变动而发生变化，看物候便可以了解天时。所以，以物候现象为确定田间耕作时期的主要依据，这是更能正确反映客观事实的。我国社会主义建设以农业为基础，今后需要大力发展农业，提高作物产量，究以什么为标准来掌握农时，这是相当重要也是迫切需要解决的一个主要问题。我国古代既已利用物候现象为掌握农时的对照指标，行之有效，现在又何尝不可以应用呢？不过古代的物候观测失之粗放，因之所定出的农作日期，未必全适于生产。古书上记载的物候，要用来概括广大的黄河流域，已嫌挂一漏万，施用于全国就更不合适。今后唯有开展全国各地的物候观测，累积自然物候记录，编制各地区的自然历，根据自然历作出各种农时的物候预报，这样对于农业增产是有莫大裨益的。

农作物的区划，为推行作物合理配置的先决前提，如双季稻的推广界限问题，需要有周密的区划，才可以事半功倍，获得增产。农业生产固然要知道各地的气候条件，但是，往往两个地方气候条件没有差异，而栽培同一种作物就不一定完全适宜，这是因为农作物需要的生长环境，除气候条件外，还有土壤等条件，只知道气候条件还是不够的，必须知道物候，才可以作出鉴定。例如一个地区栽培某种作物是适宜的，要知道能不能推广到另外一个地区，那就要比较两个地方的物候是不是相同。如果这一地区的物候与另外一个地区的物候没有大的差异，那么，就可以判断这一地区的作物可以推广到另外一个地区。所以，利用物候资料来作物候区划，对于农作物的合理配置，很有意义。

我国山区面积大于平原，有很大面积的山区土地可以利用，开发山区是我国发展农业的重要措施之一。但是，山区的气候状况对于农业经营的适应性，有很多地方还没有进行调查研究，即将来也不能在山区从山顶至山脚都设气象站以测定山顶、山腰和山麓的气候；但是，在山坡上从上到下种植植物作为物候指标，却是轻而易举的。今后若开展山区的物候观测，那么，山区垂直分布带的土地合理利用，就可以明白了。这一措施对发展生产是具有莫大意义的。

我这样教学《大自然的语言》

胡起水　陈水明

　　《大自然的语言》是部编版八年级下册第四单元第一篇课文。本单元以科学为专题，选编的都是介绍科学知识的文章，《大自然的语言》是事理说明文的开篇之作，具有非常重要的教学地位。

　　作者竺可桢，中国卓越的科学家和教育家，当代著名的地理学家和气象学家，物候学发展的推动者。1963年，竺可桢与宛敏渭共同编写的《物候学》一书即将出版，为了迅速普及这门学科知识，作者写了此篇以介绍物候学为主要内容的科学小品文。此文最早以《一门丰产的科学——物候学》为题发表于1963年第1期《科学大众》，被选入教材后改题为《大自然的语言》。

　　本文介绍物候学研究对象、物候现象的形成要素以及研究物候学的意义等，提倡进一步加强物候观测和研究，促进农业生产的丰收。文章第一部分（1—3段）从描写温带亚热带一年四季周而复始的自然现象入手，说明了什么是物候，什么是物候学。那么，研究物候有什么用途呢？文章顺理成章地在第二部分（4—5段）给予解答，说明了物候观测对于农业的重要性。而物候现象的来临决定于哪些因素呢？在第三部分（6—10段）加以具体说明。第四部分（11—12段）则在前文说明的基础上，进一步说明了物候观测的意义，提倡人们进一步加强物候观测。文章从具体现象入手，有条理地说明有关物候学各个方面的知识。举例典型，逻辑性强。

本文的逻辑性不仅体现在全文的结构布局上，也体现在层次段落间的说明顺序上，如在第三部分说明物候现象的来临取决于哪些因素时，指出纬度、经度、高下、古今四个因素带来的差异。四个因素的排列顺序不能随意颠倒。所以作者以"首先、第二、第三、还有"这些词说明其作用有大小之分，按主次排列说明顺序，符合事物发展规律。

本文说明语言兼有生动形象和准确严密的特点。具体说来，一是用词准确，这是说明文语言的基本特点。如"这样看来，花香鸟语，草长莺飞，都是大自然的语言"一句，其中的"都"一词，指全部，表示范围之广，说明了这些物候现象全部在内，体现了说明文的准确性。文章讲究使用修饰限制性的词语 、内涵丰富的词语以及前后句词语的对应,这些均体现了语言的准确性。二是语言形象生动,如"杏花开了,就好像大自然在传语要赶快耕地"一句中,"传语"一词运用了拟人的修辞,把大自然人格化了,使大自然有了人的情感和语言,将大自然的灵气写了出来。由此可见,在说明中恰当地运用生动地描写,可以更具体、清晰地突出事理,起到了辅助说明作用。

从学生实际考虑,根据教材特点以及八年级学生的知识基础和心理发展水平,了解文章介绍的科学知识是学生可以达到的,而明了说明语言的准确生动需要一个过程,需要教学过程中恰当有序的引导。因此,体会说明文的逻辑性,学习兼有准确严谨、生动形象的语言,应该是学习这篇课文的重点。语言品味的过程是更好地解读语言、建构语言、丰满语言的过程,语文课堂应培养学生初步的语言鉴赏能力,从而激发学生对语言的喜爱和玩味乐趣,使语文课堂充满浓郁的语文味。由于八年级学生人生阅历有限、语言积累不够等方面的原因,品味语言还是存在一定的难度,所以体会作者是怎样用准确的语言和清晰的条理把这一切复杂的科学知识介绍清楚是学习这篇课文的难点。

基于以上考虑,我对这篇课文的教学目标和教学内容做出如下规定：

◎**确定核心教学目标：**

1. 从梳理说明文的结构、分析说明顺序和说明方法中领悟说明文的内在逻辑性；

2. 学习本文兼有生动形象和准确严密特点的说明语言。

◎**确定支撑核心教学目标的教学内容：**

1. 梳理文章的整体结构，理解其内在逻辑性；

2. 从决定物候现象来临的四个因素排列分析本文主体部分由主到次的逻辑顺序；

3. 分析说明方法，进一步理解说明文的逻辑性；

4. 品读文章开头和主体部分，学习文章准确严密而又不乏生动形象的语言特点。

根据以上教学目标和核心教学内容的安排，教学过程拟用两个课时完成。

第一课时要达成核心教学目标一：从梳理说明文的结构、分析说明顺序和说明方法中领悟说明文的内在逻辑性。主要有以下若干环节：

一、激趣导入

细雨霏霏，灵巧的燕子呢喃着春天的消息；

烈日炎炎，盛开的荷花举起了夏天的旗帜；

凉风习习，炫舞的落叶送来了秋天的请柬；

大地茫茫，飘飞的雪花讲述着冬天的故事。

人有语，物有声，大自然也会说话。自然界就像一个智者，用他独特的语言向人类传递着季节变化的种种消息。今天，让我们一起去聆听《大自然的语言》吧。

二、作者介绍

三、梳理思路结构

1. 速读课文，按照课后习题提示梳理文章思路结构：

第一部分：什么是物候和物候学。

第二部分：物候观测对农业的重要性。

第三部分：决定物候现象来临的因素。

第四部分：研究物候学的意义。

2. 总结提取信息概括内容的方法：

（1）准确划分层次；

（2）找关键句词。

四、探究说明顺序

1. 探究全文顺序

明确：文章四个部分整体上是按照物候现象的"概念—作用—成因—意义"思路展开的，先描写物候现象，引出概念，再点明其作用，接着分析影响物候现象来临的四个因素，最后指出对农业生产的意义作结，整体上是"总—分—总"的逻辑顺序，体现出说明文的逻辑性。

2. 探究逻辑顺序

在第三部分中，表示这四个因素的关联词是什么？这些因素的关系是什么？

明确：由主到次，由空间到时间。

逻辑顺序符合人对事物的认知规律，同时也使文章很有条理性。

3. 探究局部顺序

以四人为小组，选择其中一个因素合作探究，准备上台展示，并回答同学们的提问。教师相机点拨。

学生的质疑有以下几点：

（1）决定物候现象来临的四个因素的说明顺序能否调整？这样安排有什么好处？

（2）在说明纬度差异对物候的影响时，为什么要举两例？

（3）什么叫逆温层？它形成的原因是什么？它出现的时间及气候条件有哪些？

教师补充：这四个因素是按照影响程度，由主到次依次排列。是一种由主要到次要，由现象到本质，由简单到复杂的逻辑顺序。

第二课时的核心教学目标主要是学习本文兼有生动形象和准确严密特点的说明语言。教学过程主要有如下环节：

一、朗读课文，品味语言

活动方式：

1. 朗读学习法

2. 分组讨论法

活动过程：

1. 朗读第一、二段，并点评。

2. 分组讨论

（1）你认为这两段话的语言有什么特点？

（2）你觉得这两段话中的哪些语句写得好？好在哪里？说明理由。

3. 合作交流，教师适当点评。

4. 小结本段语言特色并思考：开头为什么要用生动的语言介绍一年四季的气候变化？

二、比较阅读，品味语言

活动方式：

1. 快速默读法

2. 讨论点拨法

活动过程：

1. 快速默读课文后半部分，并将其与前半部分进行比较。

2. 分组讨论

（1）课文后半部分的说明语言与前半部分有何不同？

说明理由。

（2）作者为什么要用两种不同的说明语言进行说明？

（3）教师小结。

三、合作交流，畅谈感想

说一说：学习了本文后，你有哪些感想（启示)？

活动：延伸拓展，思维创新。

（1）收集几则包含物候知识的农谚或诗歌。

（2）用准确生动的语言写一段物候现象的文字。

根据以上教学设计，在课堂上我注重引导学生品读课文，分析课文的内在逻辑性。课堂上学生表现活跃，尤其在体会科普说明文语言准确生动的特点这个环节，学生表现出很好的学习状态。课堂上有这样一幕，呈现如下：

师：刚才同学们欣赏了几幅四季图画，我们也深深地体会到开头两段语言优美生动，充满诗情画意。下面我们进行第二个活动：课文后半部分的说明语言与前半部分有何不同？

（分组讨论）

生1：我认为主体部分的说明语言很平实，而课文开头两段的语言生动形象。

生2：我认为主体部分的说明语言很准确，如第7段中的"南京桃花要比北京早开20天，南京刺槐开花只比北京早10天"这句中的"20天""10天"两个数量词就用得很准确，这是作者认真观察、记录后得出的结论。

师：很好！这句话用了什么说明方法？

生3：列数字。

生4：做比较。

师：对！那么联系上文中"在春天，早春跟晚春也不相同"一句来看，这句话还运用了什么说明方法？

生5：举例子。

师：对！

生6：我认为主体部分的说明语言很有条理，如第6至10段中介绍决定物候现象来临的四个因素用了"首先""第二""第三""此外"等词，依次介绍了决定物候现象的四个因素，且按照影响的程度由大到小来安排，这样就显得很有条理性。

师：你分析得很透彻！还有吗？

生7：我认为第6段的语言也很有条理，这一段说明研究物候学的意义，用了"首先""此外"和"对于""还可以""也可以""为了"等词语依次说明研究物候学的多方面意义。

师：今后我们写说明文时也应多借鉴这一点。

生8：我认为主体部分的说明语言很严密，如第9段中"不过研究这个因素要考虑到特殊情况"一句就体现了说明语言的严密性，这句话是为了补充说明"植物的抽青开花等物候现象在春夏两季越往高处越迟，而到秋天乔木的落叶则越往高处越早"这一规律也有特殊情况。

师：说明文以介绍知识为目的，所以要求语言简练、准确、严密；但有时为了增强文采，激发读者阅读兴趣，又会适当运用生动形象的语言。说明文语言兼有生动形象性和准确严密性的两个特点在本文中得到了很好的体现。

本节课以"整体感悟，重点探究——精读细品，美点探究——延伸拓展，思维创新"为思路，让学生进行充分的语言实践，很好完成了本课的核心教学任务。有以下几个亮点：一是遵循了"教师主导，学生主体，思维训练为主线"的原则，设计新颖却不花哨。教学中抓住说明文说明顺序和说明语言的"准确、严谨、科学而又不乏生动形象"的特点，立足文本、为学生搭建了一个又一个与文本对话的平台。如在厘清说明顺序时，选读课文6—10段，说说物候现象的来临决定因素，引导学生注意四个因素前的标志性词语，合作解决疑难：这四个因素的先后顺序能不能调换？为什么？可不可以先写古今差异？学生在讨论交流中明确，四个因素是按照对物候的影响程度，由大到小依次排列的，这样条理就很清楚。二是教学过程中都注重了学生语文素养的提高、语感的培养、优美语句的积累、朗读水平的提高，富有浓郁的语文气息。在体会说明语言时，通过指导学生"读"课文来体味说明语言的准确严谨、生动优美，以"读"贯穿始终，学生读懂了课文内容，读懂了作者用词的精妙，读出了语文味。三是创新表达放开了学生手脚，放飞了学生思维，锻炼了学生语言运用能力。